丛书阅读指南

第2章
Photoshop基本操作

使用Photoshop编辑处理图像文件之前，应当先掌握图像文件的基本操作。本章主要介绍了Photoshop CC 2017常用的文件操作命令、图像文件的显示和尺寸的调整，使用户能够更好、更有效地绘制和处理图像文件。

例2-1 新建图像文件　　　　例2-6 更改图像文件大小
例2-2 打开已有图像文件　　例2-7 更改图像中内容大小
例2-3 存储图像文件　　　　例2-8 使用【连接性能】命令
例2-4 使用【导航器】面板　例2-9 使用【历史记录】面板
例2-5 更改图像的排列方式　例2-10 制作商业名片

章首导读
以言简意赅的语言表述本章介绍的主要内容。

教学视频
紧密结合光盘，列出本章有同步教学视频的操作案例。

2.2

实例概述
简要描述实例内容，同时让读者明确该实例是否附带教学视频或源文件。

口的显示比例、移动画面在该区域，以便快速用于缩放窗口图像的工具和命令、如切换屏幕显示的【导航器】图像等。

操作步骤
图文并茂，详略得当，让读者对实例操作过程轻松上手。

【例2-4】在 Photoshop CC 2017中，使用【导航器】面板查看查看图像。（光盘素材\第02章\例2-4）

01 选择【文件】|【打开】命令，选择打开指定文件，选择【窗口】|【导航器】命令，打开【导航器】面板。

02 当窗口中显示显示的图像时，拖光标移至【导航器】面板的代理预览区域，此时鼠标会变为抓取状，单击并拖动鼠标即可移动画面，代理预览区域内的图像会显示在文档窗口的中心。

在【导航器】面板的缩放数值框中单击显示比例，在数值框中输入新的比例。

2.2.2 【使用【缩放】工具查看

在图像编辑处理的过程中，经常需要对编辑的图像预览进行放大或缩小显示，以便于图像的编辑操作，在Photoshop中调整图像的显示，可以使用【缩放】工具。

使用【缩放】工具可以放大或缩小图像。使用【缩放】工具时，每单击一次都会将

03 在【导航器】面板中单击【放大】按

5.4 图章工具

在 Photoshop 中，图章类工具中的工具也可以通过在源图像中的像素样本来进行绘制。【仿制图章】工具以源图像的图像应用到其他图像中的同一图像或其他位置，或绘制图像去除图像中的部分图像。

知识点滴
在文中加入大量的知识信息，或是本节知识的重点解析以及难点提示。

01 选择【仿制图章】工具，在控制面板中设置一种画笔样式，在【样本】下拉列表中选择【所有图层】选项。

02 按住 Alt 键在要修复图像时单击来设置取样点，然后在要修复部分按住鼠标右键进行涂抹。

知识点滴

【时隙】是选框，可以对图像的连续数码纹，而不会丢失当前设置的参考点状态。【时隙】将会因图像的参考点状态而异，则会在鼠标停止不会新绘制的状态绘制的星标的复制结果。取消情况下，【时隙】复选框处于选中状态。

【例5-7】使用【仿制图章】工具修复图像画面。（光盘素材\第05章\例5-7）

01 选择【文件】|【打开】命令，打开图像文件，选择【窗口】|【创建图层】按钮创建新图层。

进阶技巧

【仿制图章】工具并不限定在同一张图像中使用，也可以将某张图像中的局部布分复制到另一张图像之中，以进行不同图像之间的复制和应用。可以将两张图像并排放于在 Photoshop 窗口中，即可将照亮源图像的复制结果。

进阶技巧
讲述软件操作在实际应用中的技巧，让读者少走弯路、事半功倍。

2.7 疑点解答

● 问：如何在 Photoshop 中创建新库？

答：在 Photoshop 中打开一幅图像文件，单击右上角的面板菜单命令中从弹出的菜单中选择【从文档创建库】命令，或在弹出面板中单击面板的从文档创建创建按钮，在【从文档创建库】命令中，选择所需的选项，然后单击【创建】按钮即可打开创建文档库的资源添加到库中，以便在其他文档中重复使用。

● 问：在 Photoshop CC 2017 中应用 Adobe Stock 中的模板？

答：Adobe Stock 提供了数百万商品质的免版权专业图片、矢量、插图和矢量图形。在 Photoshop 中利用 Adobe Stock 中丰富的模板和空白项目，可以使用户快速都个化自己的创建项目。在【新建文档】对话框创建文档时，在【最近使用项】选项卡显示了下载的模板资源，选中所需要的模板，单击【打开】按钮即可在工作区中查看和编辑的设计。

疑点解答
对本章内容做扩展补充，同时拓宽读者的知识面。

● 问：如何使用 Photoshop CC 2017 中应用的画板？

对于网页设计人员，会发现一个设计项目经常要适合多种设备应用程序的界面，这时 Photoshop 中的画板，可以帮助用户快速直观化设计过程，在画布上布置适合不同设备大小的界面设计。

在 Photoshop 中要创建一个有画板的文档，可以选择【文件】|【新建】命令，打开【新建文档】对话框，选中【画板】复选框，设置预设的画布尺寸设置自定义尺寸，然后单击创建【创建】按钮即可。

如果是已有文档，可以将某画面区域或图层快速转换为画布，在已有文档中单击某图层或图层组右边，从弹出的菜单中选择【来自图层组的画板】命令，即可将其转换为画布。

光盘附赠的云视频教学平台能够让读者轻松访问上百 GB 容量的免费教学视频学习资源库。该平台拥有海量的多媒体教学视频，让您轻松学习，无师自通！

图1

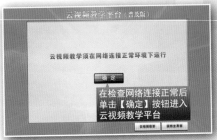

在检查网络连接正常后单击【确定】按钮进入云视频教学平台

图2

在该界面中可以单击想学习的案例标题，即可进入对应的视频播放界面；此外，单击下方的翻页按钮可以查看其他视频教学内容

图4

在主界面中单击您想学习的图书标题，即可进入对应的教学内容界面

图3

进入视频教学界面，单击下方控制条可以控制视频教学的播放

图5

光盘使用说明

》光盘主要内容

　　本光盘为《入门与进阶》丛书的配套多媒体教学光盘，光盘中的内容包括18小时与图书内容同步的视频教学录像和相关素材文件。光盘采用真实详细的操作演示方式，详细讲解了电脑以及各种应用软件的使用方法和技巧。此外，本光盘附赠大量学习资料，其中包括多套与本书内容相关的多媒体教学演示视频。

》光盘操作方法

　　将DVD光盘放入DVD光驱，几秒钟后光盘将自动运行。如果光盘没有自动运行，可双击桌面上的【我的电脑】或【计算机】图标，在打开的窗口中双击DVD光驱所在盘符，或者右击该盘符，在弹出的快捷菜单中选择【自动播放】命令，即可启动光盘进入多媒体互动教学光盘主界面。

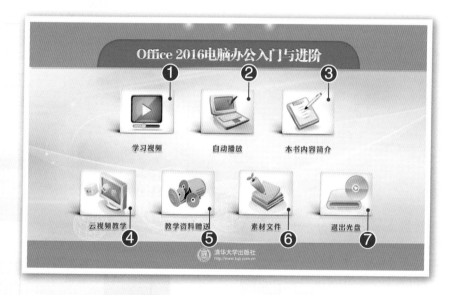

① 进入普通视频教学模式
② 进入自动播放演示模式
③ 阅读本书内容介绍
④ 单击进入云视频教学界面
⑤ 打开赠送的学习资料文件夹
⑥ 打开素材文件夹
⑦ 退出光盘学习

光盘使用说明

普通视频教学模式

图1

- 赛扬 1.0GHz 以上 CPU
- 512MB 以上内存
- 500MB 以上硬盘空间
- Windows XP/Vista/7/8/10 操作系统
- 屏幕分辨率 1024×768 以上
- 8 倍速以上的 DVD 光驱

光盘运行环境

单击【学习视频】按钮

图2

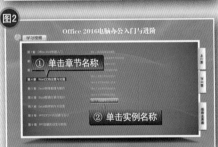

① 单击章节名称

② 单击实例名称

图3

进入普通视频教学界面

控制视频教学播放

自动播放演示模式

图1

单击【自动播放】按钮

图2

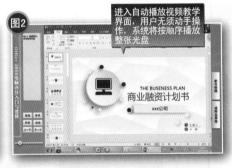

进入自动播放视频教学界面，用户无须动手操作，系统将按顺序播放整张光盘

赠送的教学资料

图1

② 打开光盘中教学资料所在文件夹

① 单击【教学资料赠送】按钮

图2

② 打开光盘中素材文件所在文件夹

① 单击【素材文件】按钮

▶ 商品销量统计表

▶ 公司管理制度文档

▶ 战略研究报告文档

▶ 制作进货记录表

▶ Excel【打印】界面

▶ 创建空白演示文稿

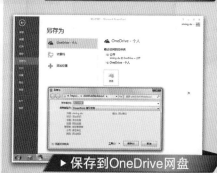

▶ 保存到OneDrive网盘

▶ 使用模板创建演示文稿

▶ 售后服务保障卡文档

▶ 插入幻灯片

▶ 制作"绿色栽培"演示文稿

▶ 房地产宣传彩页文档

▶ 通过网络下载演示文稿

▶ 幻灯片浏览视图

▶ 城市素描演示文稿

▶ 放映演示文稿

Office 2013
电脑办公
入门与进阶

徐薇 ◎ 编著

清华大学出版社

北京

内 容 简 介

本书是《入门与进阶》系列丛书之一。全书以通俗易懂的语言、翔实生动的实例，全面介绍了使用Office 2013软件进行电脑办公的操作技巧和方法。本书共分为12章，涵盖了Office 2013的基本操作，办公文件的高效打印，Word文档处理，Word图文混排，Word高级应用，Excel报表制作，Excel表格设置，Excel数据管理与分析，Excel公式与函数应用，PPT演示文稿的创建与编辑，PPT母版、动画和放映设置，Office各组件协作办公等内容。

本书内容丰富，图文并茂。全书双栏紧排，全彩印刷。附赠的光盘中包含书中实例素材文件、18小时与图书内容同步的视频教学录像和3~5套与本书内容相关的多媒体教学视频，方便读者扩展学习。此外，光盘中附赠的"云视频教学平台"能够让读者轻松访问上百GB容量的免费教学视频学习资源库。

本书具有很强的实用性和可操作性，是面向广大电脑初中级用户、家庭电脑用户，以及不同年龄阶段电脑爱好者的首选参考书。

图书在版编目(CIP)数据

　Office 2013电脑办公入门与进阶 / 徐薇　编著．—北京：清华大学出版社，2018

(入门与进阶)

ISBN 978-7-302-48729-6

Ⅰ．①O… Ⅱ．①徐… Ⅲ．①办公自动化—应用软件 Ⅳ．①TP317.1

中国版本图书馆CIP数据核字(2017)第272643号

责任编辑：胡辰浩　袁建华
装帧设计：孔祥峰
责任校对：曹　阳
责任印制：杨　艳

出版发行：清华大学出版社
　　　　　网　　　址：http://www.tup.com.cn，http://www.wqbook.com
　　　　　地　　　址：北京清华大学学研大厦A座　　　邮　　编：100084
　　　　　社 总 机：010-62770175　　　　　　　　　邮　　购：010-62786544
　　　　　投稿与读者服务：010-62776969，c-service@tup.tsinghua.edu.cn
　　　　　质 量 反 馈：010-62772015，zhiliang@tup.tsinghua.edu.cn
印 刷 者：北京鑫丰华彩印有限公司
装 订 者：三河市溧源装订厂
经　　销：全国新华书店
开　　本：150mm×215mm　　印 张：16.75　　插 页：4　　字 数：429千字
　　　　　(附光盘1张)
版　　次：2018年1月第1版　　印 次：2018年1月第1次印刷
印　　数：1～3500
定　　价：48.00元

产品编号：062096-01

　　熟练操作电脑已经成为当今社会不同年龄层次的人群必须掌握的一门技能。为了使读者在短时间内轻松掌握电脑各方面应用的基本知识，并快速解决生活和工作中遇到的各种问题，清华大学出版社组织了一批教学精英和业内专家特别为电脑学习用户量身定制了这套《入门与进阶》系列丛书。

丛书、光盘和网络服务

　　◎ **双栏紧排，全彩印刷，图书内容量多实用**　本丛书采用双栏紧排的格式，使图文排版紧凑实用。260多页的篇幅，容纳了传统图书一倍以上的内容。从而在有限的篇幅内为读者奉献更多的电脑知识和实战案例，让读者的学习效率达到事半功倍的效果。

　　◎ **结构合理，内容精炼，案例技巧轻松掌握**　本丛书紧密结合自学的特点，由浅入深地安排章节内容，让读者能够一学就会、即学即用。通过在范例中添加大量的"知识点滴"和"进阶技巧"的注释方式突出重要知识点，使读者轻松领悟每一个范例的精髓所在。

　　◎ **书盘结合，互动教学，操作起来十分方便**　丛书附赠一张精心开发的多媒体教学光盘，其中包含了18小时左右与图书内容同步的视频教学录像。光盘采用真实详细的操作演示方式，紧密结合书中的内容对各个知识点进行深入的讲解。光盘界面注重人性化设计，读者只需要单击相应的按钮，即可方便地进入相关程序或执行相关操作。

　　◎ **免费赠品，素材丰富，量大超值实用性强**　附赠光盘采用大容量DVD格式，收录书中实例视频、源文件以及3～5套与本书内容相关的多媒体教学视频。此外，光盘中附赠的云视频教学平台能够让读者轻松访问上百GB容量的免费教学视频学习资源库，在让读者学到更多电脑知识的同时真正做到物超所值。

　　◎ **在线服务，贴心周到，方便老师定制教案**　本丛书精心创建的技术交流QQ群(101617400、2463548)为读者提供24小时的便捷在线交流服务和免费教学资源；便捷的教材专用通道(QQ：22800898)为老师量身定制实用的教学课件。

本书内容介绍

　　《Office 2013电脑办公入门与进阶》是这套丛书中的一本。该书从读者的学习兴趣和实际需求出发，合理安排知识结构，由浅入深、循序渐进，通过图文并茂的方式讲解Office 2013电脑办公应用的基础知识和操作方法。全书共分为12章，主要内容如下。

　　第1章：介绍Office 2013中Word、Excel和PowerPoint这3个软件的基本操作。
　　第2章：介绍使用电脑高效打印Office文档的方法与技巧。
　　第3章：介绍使用Word 2013创建与编辑文档的基本操作方法。
　　第4章：介绍使用Word 2013创建图文混排文档的方法与技巧。

第5章：介绍在Word文档中使用表格、模板、主题和应用文档样式的方法。

第6章：介绍使用Excel 2013创建报表并输入与编辑表格数据的方法。

第7章：介绍在Excel 2013中管理工作簿并设置表格样式与主题的方法。

第8章：介绍在Excel 2013中设置排序、筛选与汇总表格数据，并使用图表分析数据的方法。

第9章：介绍在Excel 2013中使用公式与函数计算与处理数据的方法与技巧。

第10章：介绍使用PowerPoint 2013创建、编辑与设置演示文稿的方法。

第11章：介绍使用PowerPoint 2013设置演示文稿母版与放映方式的方法。

第12章：介绍Word、Excel和PowerPoint这3个软件协同工作的方法与技巧。

读者定位和售后服务

本书具有很强的实用性和可操作性，是面向广大电脑初中级用户、家庭电脑用户，以及不同年龄阶段电脑爱好者的首选参考书。

如果您在阅读图书或使用电脑的过程中有疑惑或需要帮助，可以登录本丛书的信息支持网站(http://www.tupwk.com.cn/improve3)或通过E-mail(wkservice@vip.163.com)联系。本丛书的作者或技术人员会提供相应的技术支持。

本书分为12章，哈尔滨体育学院的徐薇编写了全书。另外，参加本书编写的人员还有陈笑、孔祥亮、杜思明、高娟妮、熊晓磊、曹汉鸣、何美英、陈宏波、潘洪荣、王燕、谢李君、李珍珍、王华健、柳松洋、陈彬、刘芸、高维杰、张素英、洪妍、方峻、邱培强、顾永湘、王璐、管兆昶、颜灵佳、曹晓松等。由于作者水平所限，本书难免有不足之处，欢迎广大读者批评指正。我们的邮箱是huchenhao@263.net，电话是010-62796045。

最后感谢您对本丛书的支持和信任，我们将再接再厉，继续为读者奉献更多更好的优秀图书，并祝愿您早日成为电脑应用高手！

《入门与进阶》丛书编委会
2017年10月

Contents 目录

第1章　Office 2013快速入门

第2章　办公文件的高效打印

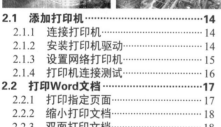

第3章　Word文档处理

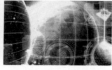

第4章　Word图文混排

第5章　Word高级应用

第6章　Excel报表制作

第7章　Excel表格设置

第8章　Excel数据管理与分析

第9章　Excel公式与函数应用

第10章 PPT演示文稿的创建与编辑

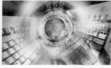

第11章 PPT母版、动画和放映设置

第12章 Office各组件协作办公

第1章

Office 2013快速入门

Office 2013是Microsoft公司推出的Office系列办公软件。本章将向大家介绍使用该软件的一些基本常识，包括Office 2013的常用组件、Office 2013的工作界面，以及该软件的快捷操作等。

对应光盘视频

例1-1 自定义快速访问工具栏
例1-2 更改工作界面的颜色
例1-3 使用标尺、参考线和网格

例1-4 使用【格式刷】功能
例1-5 将Office文档导出为PDF
格式

1.1 Office 2013简介

Word 2013、Excel 2013、PowerPoint 2013是Office 2013中最重要的三大组件。它们分别用于文字处理领域、数据处理领域和幻灯片演示领域。

1.1.1 Office 2013组件简介

Office 2013组件主要包括Word、Excel、PowerPoint等。它们可分别完成文档处理、数据处理、制作演示文稿、管理数据库等工作。

● Word：专业的文档处理软件，能够帮助用户快速地完成报告、合同等文档的编写。其强大的图文混排功能，能够帮助用户制作图文并茂且效果精美的文档。

● Excel：专业的数据处理软件。通过它用户可方便地对数据进行处理，包括数据的排序、筛选和分类汇总等。它是办公人员进行财务处理和数据统计的好帮手。

● PowerPoint：专业的演示文稿制作软件，能够集文字、声音和动画于一体制作生动形象的多媒体演示文稿，如方案、策划、会议报告等。

1.1.2 启动Office 2013组件

认识Office的各个组件后，就可以根据不同的需要选择启动不同的软件来完成工作。启动Office 2013中的组件可采用多种不同的方法，下面分别进行简要介绍。

● 通过已有的文件启动：如果电脑中已经存在已保存的文件，可双击这些文件启动相应的组件。例如，双击Word文档文件可打开文件并同时启动Word 2013；双击Excel工作簿可打开工作簿并同时启动Excel 2013。

● 双击快捷方式启动：通常软件安装完成后会在桌面上建立快捷方式图标，双击这些图标即可启动相应的组件。

● 通过【计算机】窗口启动：如果清楚地知道软件在电脑中安装的位置，可打开【计算机】窗口，找到安装目录，然后双击即可执行文件启动。

● 通过开始菜单启动：单击【开始】按钮，选择【所有程序】| Microsoft Office | Microsoft Office Word 2013命令，即可启动Word 2013，同理也可启动其他组件。

启动图标

1.1.3 Office 2013工作界面

Office 2013中各个组件的工作界面大致相同。本书主要介绍Word、Excel和PowerPoint这3个组件。下面以Word 2013为例来介绍它们的共性界面。

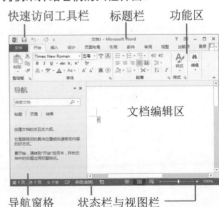

快速访问工具栏　　标题栏　　功能区

文档编辑区

导航窗格　　状态栏与视图栏

在Office系列软件的界面中，通常会包含上图所示的一些界面元素。

🔹 快速访问工具栏：在快速访问工具栏中，包含最常用操作的快捷按钮，方便用户使用。在默认状态中，快速访问工具栏包含3个快捷按钮，分别为【保存】按钮、【撤销】按钮和【恢复】按钮，以及旁边的下拉按钮。

🔹 标题栏：标题栏位于窗口的顶端，用于显示当前正在运行的程序名及文件名等信息。标题栏最右端有3个按钮，分别用来控制窗口的最小化、最大化和关闭。

🔹 功能区：在Word 2013中，功能区是完成文本格式操作的主要区域。在默认状态下，功能区主要包含【文件】、【开始】、【插入】、【页面布局】、【引用】、【邮件】、【审阅】、【视图】和【加载项】9个基本选项卡。

🔹 导航窗格：导航窗格主要显示文档的标题文字，以便用户快速查看文档，单击其中的标题，可快速跳转到相应的位置。

🔹 文档编辑区：文档编辑区就是输入文本、添加图形、图像以及编辑文档的区域，用户对文本进行的操作结果都将显示在该区域。

🔹 状态栏与视图栏：状态栏和视图栏位于Word窗口的底部，显示了当前文档的信息，如当前显示的文档是第几页、第几节和当前文档的字数等。在状态栏中还可以显示一些特定命令的工作状态。另外，在视图栏中通过拖动【显示比例滑杆】中的滑块，可以直观地改变文档编辑区的大小。

1.1.4 退出Office 2013组件

使用Office 2013组件完成工作后，就可以退出这些软件了。以Word 2013为例，退出软件的方法通常有以下两种。

🔹 单击Word 2013窗口右上角的【关闭】按钮×。

🔹 右击标题栏，在弹出的快捷菜单中选择【关闭】命令。

1.2 Office 2013个性化设置

虽然Office 2013具有统一风格的界面，但为了方便用户操作，用户可对其各个组件进行个性化设置。例如，自定义快速访问工具栏、更改软件界面颜色、自定义功能区等。本节以Word为例来介绍对Office 2013组件的操作界面进行个性化设置的方法。

1.2.1 自定义快速访问工具栏

快速访问工具栏包含一组独立于当前所显示选项卡的命令，是一个可自定义的工具栏。用户可以快速地自定义常用的命令按钮。单击【自定义快速访问工具栏】下拉按钮，从弹出的下拉菜单中选择【打开】命令，即可将【打开】按钮添加到快速访问工具栏中。

【例1-1】自定义Word 2013快速访问工具栏中的按钮,将【快速打印】和【格式刷】按钮添加到快速访问工具栏中。
视频▶

01 在快速访问工具栏中单击【自定义快速工具栏】按钮,在弹出的菜单中选择【快速打印】命令,将【快速打印】按钮添加到快速访问工具栏中。

02 右击快速访问工具栏,在弹出的菜单中选择【自定义快速访问工具栏】命令。

03 打开【Word选项】对话框。在【从下列位置选择命令】列表框中选择【格式刷】选项,然后单击【添加】按钮,将【格式刷】按钮添加到【自定义快速访问工具栏】的列表框中。

04 单击【确定】按钮,即可在快速访问工具栏添加【格式刷】按钮。

05 在快速访问工具栏中右击某个按钮,在弹出的快捷菜单中选择【从快速访问工具栏删除】命令,即可将该按钮从快速访问工具栏中删除。

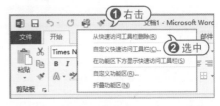

1.2.2 更改软件界面颜色

Office 2013各组件都有其软件默认的工作界面(例如,Word 2013为蓝色和白色,Excel 2013为绿色和白色)。用户可以通过更改界面颜色,定制符合自己需求的软件窗口颜色。

【例1-2】更改Word 2013工作界面的颜色。视频▶

01 单击【文件】按钮,从弹出的菜单中选择【选项】命令。

02 打开【Word选项】对话框的【常规】选项卡,单击【Office主题】下拉按钮,在弹出的菜单中选择【深灰色】命令。

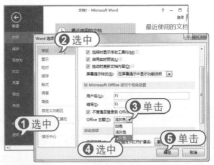

03 单击【确定】按钮,即可将Word软件的界面颜色更改为深灰色。

1.2.3 自定义功能区

用户还可以根据需要,在功能区中添加新选项和新组,并增加新组中的按钮。具体如下。

01 在功能区中任意位置中右击，从弹出的快捷菜单中选择【自定义功能区】命令。

02 打开【Word 选项】对话框，切换至【自定义功能区】选项卡，单击右下方的【新建选项卡】按钮。

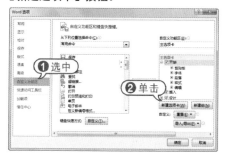

03 选中创建的【新建选项卡(自定义)】选项，单击【重命名】按钮，打开【重命名】对话框。在【显示名称】文本框中输入"新增"，单击【确定】按钮。

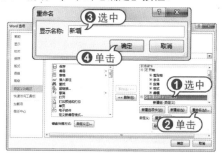

04 返回至【Word选项】对话框，在【主选项卡】列表框中显示重命名的新选项卡。

05 在【自定义功能区】选项组的【主选项卡】列表框中选中【新建组(自定义)】选项，单击【重命名】按钮。

06 打开【重命名】对话框。在【符号】列表框中选择一种符号，在【显示名称】文本框中输入"Office工具"，单击【确定】按钮。

07 在【从下列位置选择命令】下拉列表框中选择【不在功能区中的命令】选项，并在下方的列表框中选择需要添加到的按钮。这里选择【帮助】选项。单击【添加】按钮，即可将其添加到新建的【Office工具】组中。

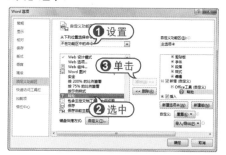

08 最后，单击【确定】按钮返回至Word 2013工作界面。此时显示【新增】选项卡。打开该选项卡，即可看到【Office工具】命令组中的【帮助】按钮。

【新增】选项卡

【帮助】按钮

【Office工具】命令组

1.3 Office 2013基本操作

本节将以Word 2013为例，介绍Office 2013的基本操作方法，包括新建文档、打开文档、关闭文档、保存文档等内容。

1.3.1 新建文档

在Office系列软件中，创建新文档的方法有很多种，如通过快速访问工具栏、快捷键、菜单栏命令等。下面将仍以Word为例介绍在Office 2013组件中创建新文档的方法。

01 选择【文件】选项卡，在弹出的菜单中选择【新建】命令，在显示的选项区域中单击【空白文档】按钮(或者按下Ctrl+N组合键)，即可创建一个空白Word文档。

02 如果在上图左图所示的【新建】选项区域中单击一种模板样式，在打开对话框中单击【创建】按钮，即可创建一个文档，并自动套用所选的模板样式。

1.3.2 打开文档

如果用户要打开一个Word 2013文档，可以参考下列操作。

01 选择【文件】选项卡，在弹出菜单中选择【打开】命令，然后双击【计算机】按钮(或者按下Ctrl+O组合键)。

02 在打开的【打开】对话框中选择一个文档后，单击【打开】命令。

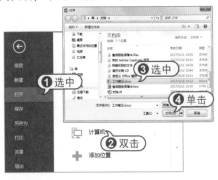

1.3.3 保存文档

如果用户需要保存正在编辑的Word文档，可以参考下列步骤操作。

01 选择【文件】选项卡，在弹出的菜单中选择【另存为】命令(或按下F12键)，在展开的选项区域中双击【计算机】按钮。

02 打开【另存为】对话框，在【文件

名】文本框中输入文档名称后，单击【保存】按钮即可将文档保存。

1.3.4 关闭文档

在Word 2013中，要关闭正在打开的文档，有以下几种方法。

- 选择【文件】选项卡，在弹出的菜单中选择【关闭】命令。
- 单击窗口右上角的【关闭】按钮。
- 按下Alt+F4组合键。

1.4 Office 2013快捷操作

Office 2013软件和所有Office软件一样，包含了大量键盘快捷键。使用快捷键，可以大幅加快各组件的操作速度，提高办公效率。

Office软件中常用的快捷键如下。

- Ctrl+F12组合键或Ctrl+O组合键：打开【打开】对话框。
- F12键：打开【另存为】对话框。
- Delete键：删除选中的内容。
- Shift+F10组合键：显示选中项目的快捷菜单（功能相当于右击）。
- F5键：打开【查找和替换】对话框。
- Esc键：取消操作。
- Ctrl+Z组合键：撤销上一个操作。
- Ctrl+Y组合键：恢复或重复操作。
- Ctrl+Shift+空格组合键：创建不间断空格。
- Ctrl+B组合键：将选中的文本设置为【粗体】。
- Ctrl+I组合键：将选中的文本设置为【斜体】。
- Ctrl+U组合键：为选中的文本添加下划线。
- Ctrl+Shift+<组合键：将选中的文本字号减小一个值。
- Ctrl+Shift+>组合键：将选中的文本字号加大一个值。

- Ctrl+[组合键：将选中的文本字号减小1磅。
- Ctrl+]组合键：将选中的文本字号加大1磅。
- Ctrl+空格键：删除当前选中的段落和文字格式。
- Ctrl+C组合键：复制所选文本。
- Ctrl+X组合键：剪切所选文本。
- Ctrl+V组合键：粘贴所选文本。
- Ctrl+Alt+V组合键：打开【选择性粘贴】对话框。
- Ctrl+Shift+V组合键：仅粘贴复制文本的格式。
- Ctrl+N组合键：创建一个与当前或最近使用过的文档类型相同的新文档。
- Ctrl+W组合键：关闭当前文档。
- Ctrl+S组合键：保存当前文档。
- Ctrl+F组合键：打开【导航】窗格。
- Ctrl+P组合键：打开打印界面。
- Ctrl+Alt+M组合键：在当前选中位置插入批注。
- Ctrl+L组合键：打开【插入超链接】对话框。

1.5 Office 2013视图模式

Office 2013为用户提供了多种浏览文档的方式，各种组件所提供的视图模式也各有不同。下面将分别介绍Word、Excel和PowerPoint等组件的视图模式。

1.5.1 Word视图模式

Word 2013为用户提供了多种浏览文档的视图模式，包括页面视图、阅读版式视图、Web版式视图、大纲视图和草稿视

図。在Word 2013的【视图】选项卡的【文档视图】区域中，单击相应的按钮，即可切换视图模式。

💧 页面视图：页面视图是Word默认的视图模式。该视图中显示的效果和打印的效果完全一致。在页面视图中可看到页眉、页脚、水印和图形等各种对象在页面中的实际打印位置，便于用户对页面中的各种元素进行编辑。

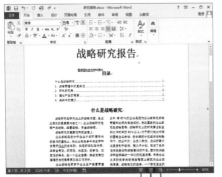

阅读版式视图 ——

Web版式视图

页面视图

💧 阅读版式视图：为了方便用户阅读文章，Word 设置了【阅读版式视图】模式。该视图模式比较适用于阅读比较长的文档。如果文字较多，它会自动分成多屏以方便用户阅读。在该视图模式中，可对文字进行勾画和批注。

💧 Web版式视图：Web版式视图是几种视图方式中唯一一个按照窗口的大小来显示文本的视图。使用这种视图模式查看文档时，不需要拖动水平滚动条就可以查看整行文字。

💧 大纲视图：对于一个具有多重标题的文档来说，用户可以使用大纲视图来查看该文档。这是因为大纲视图是按照文档中标题的层次来显示文档的，用户可将文档折叠起来只看主标题，也可展开文档查看全部内容。

草稿视图

大纲视图

【视图】选项卡

💧 草稿视图：草稿视图是Word中最简化的视图模式。在该视图中不显示页边距、页眉和页脚、背景、图形图像，以及没有设置为"嵌入型"环绕方式的图片。因此，这种视图模式仅适合编辑内容和格式都比较简单的文档。

1.5.2 Excel视图模式

在Excel 2013中，用户可以调整工作簿的显示方式。打开【视图】选项卡，然后可在【工作簿视图】组中选择视图模式，主要分为【普通】视图模式、【页面布局】视图模式、【分页预览】视图模式和【自定义视图】模式。

🔵 **普通视图**：普通视图是Excel默认的视图模式，主要将网格和行号、列标等元素都显示出来。

🔵 **页面布局视图**：在页面布局视图中可看到页眉、页脚、水印和图形等各种对象在页面中的实际打印位置，便于用户对页面中的各种元素进行编辑。

工作表的页眉

🔵 **分页预览视图**：用户可以在这种视图看到设置的Excel表格内容会被打印在哪一页。通过使用分页预览功能可以避免将一些内容打印到其他页面。

🔵 **自定义视图**：打开【视图】选项卡，在【工作簿视图】组中单击【自定义视图】按钮，将会打开【视图管理器】对话框。在其中用户可以自定义视图的元素。

1.5.3 PowerPoint视图模式

PowerPoint 2013提供了普通视图、幻灯片浏览视图、备注页视图、幻灯片放映视图和阅读视图这5种视图模式。

普通视图：PowerPoint普通视图又可以分为幻灯片和大纲这两种形式，主要区别在于PowerPoint工作界面最左边的预览窗格。

幻灯片普通视图

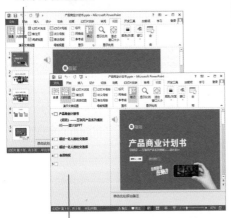

大纲普通视图

幻灯片浏览视图：使用幻灯片浏览视图，可以在屏幕上同时看到演示文稿中的所有幻灯片。这些幻灯片以缩略图方式显示在同一窗口中。

普通视图 ——
阅读视图
幻灯片浏览视图

备注页视图：在备注页视图模式下，用

户可以方便地添加和更改备注信息，也可以添加图形等信息。

备注页视图　　　　【视图】选项卡

阅读视图：如果用户希望在一个设有简单控件的审阅窗口中查看演示文稿，而不想使用全屏的幻灯片放映视图，则可以在自己的PowerPoint中使用阅读视图。

幻灯片放映视图：幻灯片放映视图是演示文稿的最终效果。在幻灯片放映视图下，用户可以看到幻灯片的最终效果。

1.6 进阶实战

本章的进阶实战部分将通过实例操作介绍Office 2013中一些常用辅助功能的使用方法，如标尺、参考线和网格，格式刷，以及文档导出功能等。

1.6.1 使用标尺、参考线和网格

【例1-3】以PowerPoint为例，掌握在Office 2013中使用标尺、参考线与网格。 🎬视频▸

01 选择【视图】选项卡，在【显示】命令组中选中【标尺】复选框，即可在窗口中显示如下图所示的标尺。

02 在【显示】命令组中选中【参考线】复选框，可以在窗口中显示参考线。将鼠标指针放置在参考线上方，当指针变为十字形状后，进行拖动，可以调整参考线在窗口中的位置。

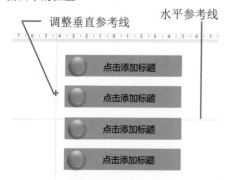

03 参考线可以用于定位各种窗口元素(如图片、图形或视频)在文档中的位置。

04 在【显示】命令组中选中【网格线】复选框，可以在文档窗口中显示如下图所示的网格线。

05 选中文档中的对象(文本或图像)，拖动即可利用网格线将对象对齐。

1.6.2 使用【格式刷】工具

【例1-4】以Excel为例，掌握在Office 2013中利用【格式刷】工具复制对象格式的方法。 🎬视频▸

01 使用Excel 2013打开一个表格后，选中一个需要复制格式的单元格(或对象)，然后在【开始】选项卡【剪贴板】命令组中单击【格式刷】按钮。

02 拖动选中需要复制格式的目标单元格，即可将步骤1选中单元格的格式复制到目标单元格上

03 如果用户在【剪贴板】命令组中双击【格式刷】按钮，可将对象格式复制到多个区域中。

1.6.3 导出Office文档

【例1-5】以Word为例，介绍将Office 2013文档导出为PDF/XPS文件的操作方法。 视频

01 选择【开始】选项卡，在弹出的菜单中选择【导出】命令，在打开的选项区域中选中【创建PDF/XPS文档】选项，并单击【创建PDF/XPS】按钮。

02 打开【发布为PDF或XPS】对话框，单击【保存类型】下拉按钮，在弹出的下拉列表中选择文件导出的类型，在【文件名】文本框中输入文件导出的名称。

03 单击【选项】按钮，在打开的对话框中可以设置文档导出的具体选项参数，完成后单击【确定】按钮。

04 返回【发布为PDF或XPS】对话框，单击【发布】按钮即可将文档导出为PDF(或XPS)文档。

1.7 疑点解答

问：如何查看Office 2013的帮助文件？

答：Office 2013的帮助功能已经被融入每一个组件中，用户只需单击【帮助】按钮 ？，或者使用F1键，即可打开帮助窗口。具体如下。

01 选择【文件】选项卡，单击窗口右上角的【帮助】按钮 ？，或者按下F1键，打开帮助窗口。

02 在文本框中输入需要查看的信息(如"合并计算")。然后单击搜索按钮 ，即可联网搜索到相关的内容链接。单击【对多个表中的数据进行合并计算】链接。

03 此时，即可在【帮助】窗口的文本区域中显示有关于"合并计算"的相关内容。

帮助

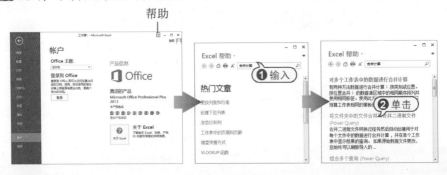

第2章

办公文件的高效打印

　　打印机是自动化办公中的重要设备，具备将各种Office办公文件根据不同需求打印成纸制品的功能。使用打印机是每一个办公人员必须要掌握的技能。本章将主要介绍在电脑上连接与设置打印机，并将Word、Excel、PowerPoint文档通过打印机打印出来的方法。

对应光盘视频

例2-1 安装打印机驱动程序　　　　例2-3 使用手机打印文件
例2-2 设置网络打印机

2.1 添加打印机

打印机是电脑的常用输出设备之一。用户可以利用打印机将电脑中的文档、表格以及图片、照片等打印到相关介质上。目前，家庭常用的打印机类型为彩色喷墨打印机与照片打印机。下面将介绍在电脑上连接并设置添加打印机的步骤。

2.1.1 连接打印机

在安装打印机前，应先将打印机连接到电脑上并装上打印纸。目前，常见的打印机一般都为USB接口。用户只需连接到电脑主机的USB接口中，然后接好电源并打开打印机开关即可。具体如下。

01 使用USB连接线将打印机与电脑USB接口相连，在打印机中装入打印纸。

02 调整打印机中的打印纸的位置，使其位于打印机纸盒的中央。

03 接下来，连接打印机电源。

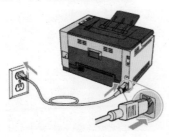

04 最后，打开打印机电源。

2.1.2 安装打印机驱动

完成打印机的连接后，可以参考以下方法在电脑中安装并测试打印机。

【例2-1】在Windows 7操作系统中安装打印机。 视频

01 单击【开始】按钮，在弹出的菜单中选中【设备和打印机】命令，打开【设备和打印机】窗口。

02 在【设备和打印机】窗口中单击【添加打印机】按钮，打开【添加打印机】对话框。

03 在【添加打印机】对话框中单击【添加本地打印机】按钮，打开【选择打印机端口】对话框。

04 在【选择打印机端口】对话框中设置打印机端口后，单击【下一步】按钮，打开【安装打印机驱动程序】对话框。

05 在【安装打印机驱动程序】对话框中单击【从磁盘安装】按钮，打开【从磁盘安装】对话框。

06 在【从磁盘安装】对话框中单击【浏览】按钮，打开【查找文件】对话框。

07 在【查找文件】对话框中选中驱动光盘内打印机的驱动文件后，单击【打开】按

钮，返回【从磁盘安装】对话框。在【从磁盘安装】对话框中单击【确定】按钮，返回【安装打印机驱动程序】对话框。

08 选中打印机驱动程序后，单击【下一步】按钮，打开【键入打印机名称】对话框。

09 在【键入打印机名称】对话框的【打印机名称】文本框中输入打印机的名称后，单击【下一步】按钮，安装打印机驱动程序。

10 完成以上操作后，在打开的对话框中单击【打印测试页】按钮，可以打印测试页，测试打印机的打印效果。

2.1.3 设置网络打印机

用户可以参考下面介绍的方法，在局

域网中设置网络打印机。网络中的所有用户都可以通过网络共享，使用打印机。

【例2-2】在Windows 7操作系统中配置网络打印机。 视频

01 单击【开始】按钮，在弹出的菜单中选择【设备和打印机】命令，打开【设备和打印机】窗口。单击该窗口中的【添加打印机】按钮，打开【添加打印机】对话框。

02 在【添加打印机】对话框中选择【添加网络、无线或Bluetooth打印机】选项。

03 打开【正在搜索可用打印机】对话框，单击【我需要的打印机不在列表中】选项，在打开的对话框中单击【浏览】按钮。

04 在打开的窗口中选择打印机所在的主机，然后单击【选择】按钮。

05 在打开的对话框中选中一台打印机后，单击【选择】按钮。返回【添加打印机】向导对话框，单击【下一步】按钮。

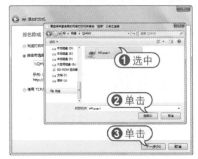

06 打开【打印机】对话框，单击【安装驱动程序】按钮，安装相应的打印机驱动程序。

07 返回【添加打印机】向导对话框，单击【下一步】按钮。在打开的对话框中单击【完成】按钮即可。

2.1.4 打印机连接测试

成功添加打印机后，如果用户需要测试打印机连接是否成功，可使用以下方法。

01 单击【开始】按钮，在弹出的菜单中选择【设备和打印机】命令，在打开的窗口中右击要测试的打印机，在弹出的菜单中选择【打印机属性】命令。

02 打开【打印机属性】对话框，单击【打印测试页】按钮即可。

知识点滴

在【设备和打印机】窗口中右击一个打印机，在弹出的菜单中选择【设置为默认打印机】命令，可以将该打印机设置为当前默认打印机。而后，在Word、Excel或PowerPoint中打印文件时，将使用设置的默认打印机。

2.2 打印Word文档

对于办公人员来说，打印文档可以算是工作过程中最常用到的技能了。下面将介绍使用Word打印文档的方法和常用技巧。

在Word中，要打印当前文档，用户只需单击【文件】按钮，在弹出的菜单中选择【打印】选项，在显示的选项区域中单击【打印机】按钮，在弹出的列表中选择一台打印机后，单击【打印】按钮即可。

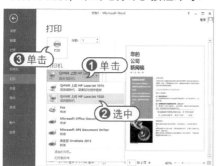

在上图所示的【打印】选项区域中，在【份数】文本框中用户还可以设定当前文档的打印份数。

除此之外，在Word 2013中用户还可以根据工作文档的打印需求，设置不同的文档打印方式。下面将详细介绍。

2.2.1 打印指定页面

在打印长文档时，用户如果只需要打印其中的一部分页面，可以参考以下方法。

01 以打印文档中的2、5、13、27页为例，单击【文件】按钮，在弹出的菜单中选择【打印】命令，在打开的选项区域中的【页数】文本框中输入"2,5,13,27"后，单击【打印】按钮即可。

02 以打印文档中的1、3页和5~12页为例，在【打印】选项区域的【页面】文本框中输入"1,3,5-12"后，单击【打印】按钮即可。

03 如果用户需要打印Word文档中当前正在编辑的页面，可以在打开上图所示的【打印】选项区域后，单击【设置】选项

列表中的第一个按钮，在弹出的列表中选择【打印当前页面】选项，然后单击【打印】按钮即可。

2.2.2 缩小打印文档

如果用户需要将Word文档中的多个页面打印在一张纸上，可以参考以下方法。

01 单击【文件】按钮，在弹出的菜单中选择【打印】命令，在显示的选项区域中单击【每版打印1页】按钮，在弹出的列表中可以选择1张纸打印几页文档。

02 以选择【每版打印2页】选项为例，选择该选项后，单击【每版打印2页】按钮，在弹出的列表中选择【缩放至纸张大小】选项，在显示的列表中选择打印所使用的实际纸张大小。

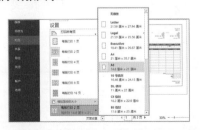

03 最后，在【打印】选项区域中单击【打印】按钮即可。

2.2.3 双面打印文档

在Word 2013中，用户可以参考以下方法，设置自动双面打印文档。

01 单击【文件】按钮，在弹出的菜单中选择【选项】命令。打开【Word选项】对话框，选择【高级】选项卡，在显示的选项区域中选择【在纸张背面打印以进行双面打印】复选框，然后单击【确定】按钮。

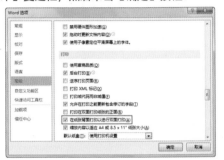

02 按下Ctrl+P组合键，打开Word打印界面。单击【单面打印】选项，在弹出的列表中选择【双面打印】选项。

纵向打印一般选择翻转长边的页面
横向打印一般选择翻转短边的页面

03 单击【打印】按钮，即可通过Word 2013对文档执行双面打印。打印过程中文档的一面打印完毕后，将打印机的纸张换面(文字面向下)，然后在电脑中打开的提示对话框中单击【继续】按钮即可。

2.3 打印Excel表格

在打印Excel工作表时，用户可以根据工作的需求设置表格的打印方法，如将表格居中在纸张中央打印、固定打印表格的标题行、缩放打印表格等。

2.3.1 居中打印表格

如果用户需要将Excel工作表中的数据在纸张中居中打印，可以参考以下方法。

01 打开工作表后，选择【页面布局】选项卡，在【页面设置】组中单击按钮。

02 打开【页面设置】对话框，选择【页边距】选项卡，选中【水平】复选框。

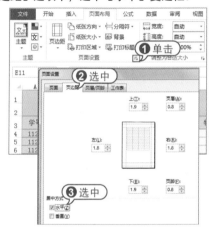

03 单击【确定】按钮，按下Ctrl+P组合键进入打印界面。单击【打印机】按钮，在弹出的列表中选择一个与电脑连接的打印机后，单击【打印】按钮即可。

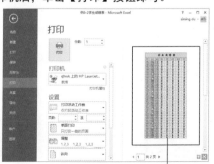

工作表居中打印预览效果

2.3.2 打印表格标题行

当工作表打印内容大于1页时，用户可以参考以下方法，设置Excel在每页固定打印表格的标题行。

01 选择【页面布局】选项卡，在【页面设置】组中单击【打印标题】选项，打开【页面设置】对话框的【工作表】选项卡，单击【顶端标题行】文本框后的按钮。

02 选中表格中的标题行，按下Enter键。

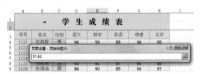

03 返回【页面设置】对话框，单击【确定】按钮。按下Ctrl+P组合键，在打开的打印界面中单击【打印】按钮，即可在打印表格的每一页纸张上都自动添加标题行。

2.3.3 缩小打印表格

当工作表中需要打印的内容超出打印纸张的大小时，用户可以参考以下方法将工作表中的所有内容调整在一页内打印。

01 打开工作表后，按下Ctrl+P组合键进入打印界面。

02 单击【无缩放】按钮，在弹出的列表中选择【将所有页调整为一页】选项。此时，表格内容将缩小以适应打印纸张大小。

03 若在上图所示的列表中选择【将工作表调整为一页】选项，则可以将工作表中的内容缩小至一张打印纸中打印。

2.3.4 设置工作表打印区域

在Excel 2013中，用户可以参考以下方法，设置打印工作表中的指定区域。

01 选中工作表中需要打印的区域后，选择【页面布局】选项卡。单击【打印区域】按钮，在弹出的列表中选择【设置打印区域】选项。

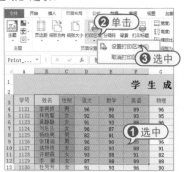

02 按下Ctrl+P组合键，在打开的打印界面中单击【打印】按钮即可打印指定的区域。

03 要取消设置的工作表打印区域，在【页面布局】选项卡的【页面设置】组中单击【打印区域】按钮，在弹出的列表中选择【取消打印区域】选项即可。

2.3.5 打印行号、列标

如果用户需要在打印工作表的同时，打印Excel左侧和上方的行号和列标，可以使用以下方法。

01 打开工作表后，选择【页面布局】选项卡，在【页面设置】组中单击 按钮。

02 打开【页面设置】对话框。选择【工作表】选项卡，选中【行号列标】复选框，然后单击【确定】按钮。

03 按下Ctrl+P组合键打开打印界面后，单击【打印】按钮即可。

2.3.6 单色打印表格

如果工作表中的单元格设置了填充颜色，默认情况下会打印出深度颜色不同的区块，使表格打印效果较差。此时，通过在Excel中设置【单色打印】选项，可以不打印单元格背景色。具体方法如下。

01 选择【页面布局】选项卡，在【页面设置】组中单击 按钮，打开【页面设置】对话框。在【工作表】选项卡中选中【单色打印】复选框，然后单击【确定】按钮。

02 按下Ctrl+P组合键打开打印界面后，单击【打印】按钮即可。

2.3.7 设置表格分页打印

在需要时，用户可以在Excel工作表中

插入分页符，将表格中的数据分页打印。具体方法如下。

01 打开工作表后，选中需要插入分页符的行。选择【页面布局】选项卡，在【页面设置】组中单击【分隔符】按钮，在弹出的列表中选择【插入分页符】选项。

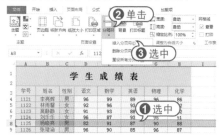

02 按下Ctrl+P组合键，打开打印界面。单击【打印】按钮即可从添加分页符的位置分页打印工作表数据。

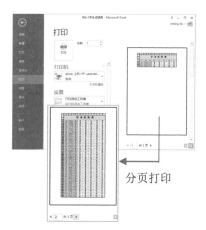

分页打印

03 要取消表格的分页打印，选中添加分页符的行后，在【页面布局】选项卡的【页面设置】组中单击【分隔符】按钮，在弹出的列表中选择【删除分页符】按钮即可。

2.4 打印PPT文稿

在PowerPoint 2013中，制作好的演示文稿不仅可以进行现场演示，还可以将其通过打印机打印出来，分发给观众作为演讲提示。

2.4.1 打印PPT的省墨方法

PPT演示文稿通常是彩色的，并且内容较少。在打印时，以灰度的形式打印可以省墨。方法如下。

01 按下Ctrl+P组合键，进入打印界面。单击【设置】组中的【演示】按钮，在弹出的列表中选择【灰度】选项。

02 此时，可以在打印界面的右侧看到预览区域中的幻灯片以灰度的形式显示。

03 单击【打印机】按钮，在弹出的列表中选择一个可用打印机后，单击【打印】按钮即可。

2.4.2 一张纸打印多张幻灯片

在一张打印纸上可以打印多张PPT幻

灯片。设置方法如下。

01 按下Ctrl+P组合键进入打印界面后，在【设置】组中单击【整页幻灯片】按钮，在弹出的列表中选择【2张幻灯片】选项，设置每张纸打印2张幻灯片。

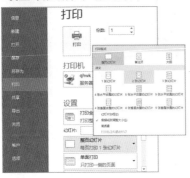

02 此时，在打印界面右侧看到预览区域中一张纸上显示了2张幻灯片。

打印预览

03 单击【打印机】按钮，在弹出的列表中选择一个可用打印机后，单击【打印】按钮即可。

2.5　使用复印机与扫描仪

在现代办公环境中，复印机与扫描仪是使用频率较高的办公设备。下面将介绍这两种设备的使用方法和技巧，作为办公文件打印操作的补充。

2.5.1　使用复印机

复印机是从书写、绘制或印刷的原稿得到同样大小、放大或缩小的复印品的设备。在使用时，用户可以参考以下步骤。

01 首先确定复印机的启动状态是否正常，确保其处于"就绪"状态之下。一般情况下，在使用复印机之前，需要按下复印机控制面板上的预热键，预热设备。

控制面板

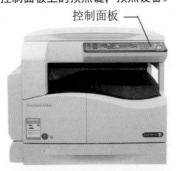

02 打开复印机的稿件放置面板，把稿件

放入设备指定的位置，然后关闭盖子。

放置要复印的稿件

03 在复印机的控制面板中设置复印属性状态，如选择使用A4大小的纸张。

04 在复印机控制面板中继续设置复印浓度、缩放比等参数后，按下【开始】键即可开始复印稿件。

2.5.2 使用扫描仪

扫描仪的作用是将稿件上的图像或文字输入到计算机中，然后通过ORC软件对计算机中输入的内容进行再次处理。

扫描
USB

使用扫描仪的方法如下。

01 打开一体机扫描仪的上盖，把要扫描的文件或图片面朝下放置。

02 打开【计算机】窗口，双击扫描仪图标，在打开的对话框中单击【确定】按钮。

03 在打开的扫描仪使用向导中设置扫描参数，根据软件提示单击【下一步】按钮即可完成文件的扫描。扫描完成后的图片将被保存在计算机中指定的文件夹内。

2.6 进阶实战

本章的进阶实战将通过实例介绍通过手机打印Office文件的方法，帮助用户进一步巩固所学的知识。

【例2-3】通过QQ将Office文件发送至手机，并通过手机打印。 视频

01 在计算机和手机上登录同一个QQ账号，在计算机端的QQ软件中双击【我的Android手机】选项，在打开的对话框中单击【选择文件发送】按钮 。

❶双击
❷单击

02 在打开的对话框中选择一个Office文件后，单击【打开】按钮，将电脑中的文件

传输至手机上。

03 打开手机上登录的QQ软件，点击界面底部的【联系人】选项，在展开的界面中点击【设备】选项。

04 在显示的【设备】选项区域中点击【我的打印机】选项，在打开的界面底部点击【打印文件】选项。

打印手机文件

05 打开【打印选项】界面，设置文件的打印份数和是否需要双面打印后，单击【打印机】选项。

06 打开【选择打印机】界面，选择一个可用的网络打印机。返回【打印选项】界面，单击【打印】按钮即可。

2.7 疑点解答

问：如何在Excel中实现跨工作表打印？

答：若要Excel两个工作表中的内容整合到一个工作表中，一起打印出来。可将一个工作表中的内容进行复制，然后以图片的形式粘贴到另外一个工作表中。当第一个工作表中数据发生变化时会及时反应在另外一个工作表中。方法如下。

01 选中工作表中的单元格区域后，按下Ctrl+C组合键复制，然后切换至另一个工作表，选择一个空白单元格。

02 选择【开始】选项卡，在【剪贴板】组中单击【粘贴】按钮，在弹出的列表中选择【链接的图片】选项。

03 按下Ctrl+P组合键打开打印界面，单击【打印】按钮即可。

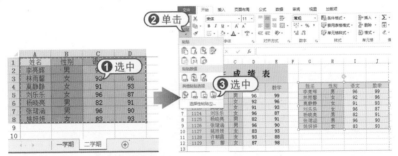

问：如何打印Word文档中的隐藏文字？

答：要打印Word文档中的隐藏文字，可以单击【文件】按钮，在弹出的菜单中选择【选项】命令。打开【Word选项】对话框，选择【显示】选项卡。在显示的选项区域中选中【打印隐藏文字】复选框，并单击【确定】按钮。按下Ctrl+P组合键打开打印界面，然后单击【打印】按钮即可。

第3章

Word文档处理

　　Word 2013是Microsoft公司最新推出的文字处理软件。它继承了Windows友好的图形界面。用户可以通过它方便地进行文字、图形、图像和数据处理，制作具有专业水准的文档。本章将主要介绍使用Word编辑与设置文档的基础操作。

对应光盘视频

例3-1 移动文档中的段落　　　　例3-4 使用Word格式刷
例3-2 使用Word剪贴板　　　　　例3-5 制作研究报告文档
例3-3 为标题添加自动编号

3.1 文本的操作

在编辑与排版Word文档的过程中，经常需要选择文本的内容，对选中的文本内容进行复制或删除操作。本节将详细介绍选择不同类型文本的操作，以及文本的复制、移动、粘贴和删除等操作方法。

3.1.1 选择文本

在Word中常常需要选择文本内容或段落内容，常见的情况有：自定义选择所需内容、选择一个词语、选择段落文本、选择全部文本等，下面将分别进行介绍。

🔹 选择需要的文本：打开Word文档后，将光标移动至需要选定文本的前面。拖动至目标位置后释放鼠标即可选定拖动时经过的文本内容。

拖动选择需要的文本

🔹 选择一个词语：在文档中需要选择词语处双击，即可选定该词语，即选定双击位置的词语。

双击选择词语"预定"

🔹 选择一行文本：除了使用拖动方法选择一行文本外，还可以将光标移动至该行文本的左侧，当光标变成🔗时单击，选取整行文本。

在一行文本左侧单击

🔹 选择多行文本：沿着文本的左侧向下拖动，至目标位置后释放鼠标，即可选中拖动时经过的多行文本。

向下拖动

🔹 选择段落文本：在需要选择段落的任意位置处双击，可以选中整段文本。

双击 →

🔹 选择文档中所有文本：如果需要选择文档中所有的文本，可以将光标移动到文本左侧，当光标变为🔗时连续三次单击即可。

三击 →

除了使用鼠标选取文档中的文档以外，还可以使用下列快捷键快速选取文档中的文本。

按下Ctrl+A组合键可以选中文档内所有的内容，包括文档中的文字、表格图形、图像，以及某些不可见的Word标记等。

按下Shift+Page组合键，从光标处向下选中一个屏幕内的所有内容；按下Shift+PageUp组合键，可以从光标处向上选中一个屏幕内的所有内容区。

按下Shift+←组合键可以选中光标左边第一个字符；按下Shift+→组合键可以选中光标右边第一个字符；按下Shift+↑组合键可以选中从光标处至上行同列之间的字符；按下Shift+↓组合键可以选中从光标处至下行同列之间的字符。在上述操作中，按住Shift键的同时连续按下方向键可以获得更多的选中区域。

按下Ctrl+Shift+↑组合键可以选中光标至段首的范围，按下Ctrl+Shift+↓组合键可以选中光标至段尾的范围。

在选择小范围文本时，可以拖动选择，但对大面积文本(包括其他嵌入对象)的选取、跨页选取或选中后需要撤销部分选中范围时，拖动的方法就显得难以控制。此时，使用F8键的扩展选择功能就非常必要。使用F8键的方法及效果如下表所示。

F8键操作	结　果
按一下	设置选取的起点
连续按2下	选取一个字或词
连续按3下	选取一个句子
连续按4下	选取一段
连续按5下	选中当前节
连续按6下	选中全文
按下Shift+F8组合键	缩小选中范围

以上各步操作中，也可以再配合鼠标拖动和方向键操作来改变选中的范围。如果光标放在段尾回车符前面，只需要连续按3下F8键即可选中一段，依此类推。需要退出F8键扩展功能，按下Esc键即可。

3.1.2 移动与复制文本

在编辑文档的过程中，经常需要移动、复制文本内容。下面将分别介绍对文本内容进行此类操作的具体方法。

1 移动文本

在Word 2013中，移动文本的操作步骤如下。

01 选中正文中需要移动的文本，将鼠标光标移至所选文本中，当光标变成形状后进行拖动。

02 将文本拖动至目标位置后释放鼠标，即可移动文本位置。

【例3-1】快速移动文档中的段落。 ◎视频

01 选中需要执行移动操作的段落，将光标移动到选定段落中，保持单击，这时鼠标指针会变为形状。同时，在选定段落中会出现一个长竖条形的插入点标志【‖】。

02 继续按住鼠标左键不放，移动鼠标指针，将插入点标志【|】移动到目标位置后释放鼠标。这时原先选定的段落便会移动到【|】标志所在的位置。

2 复制和粘贴

复制与粘贴文本的方法如下。

01 选中需要复制的文本后，按下Ctrl+C组合键复制文本。

02 将光标定位至目标位置后，按下Ctrl+V组合键粘贴文本。

在粘贴文本时，利用"选择性粘贴"功能，可以将文本或对象进行多种效果的粘贴，实现粘贴对象在格式和功能上的应用需求，使原本需要后续多个操作步骤实现的粘贴效果瞬间完成。执行"选择性粘贴"的具体操作方法如下。

01 按下Ctrl+C组合键复制文本后，选择【开始】选项卡，在【剪贴板】命令组中单击【粘贴】下拉按钮，在弹出的列表中选择【选择性粘贴】选项。

02 打开【选择性粘贴】对话框。根据需要选择粘贴的内容，然后单击【确定】按钮即可。

【选择性粘贴】对话框中各选项的功能说明如下。

● 源：显示复制内容的源文档位置或引用电子表格单元格地址等，如果显示为"未知"，则表示所复制内容不支持OLE操作。

● 【粘贴】单选按钮：将复制内容以某种"形式"粘贴到目标文档中，粘贴后断开与源程序的联系。

● 【粘贴链接】单选按钮：将复制内容以某种"形式"粘贴到目标文档中，同时还建立与源文档的超链接，源文档中关于该内容的修改都会反映到目标文档中。

● 【形式】列表框：选择将复制对象以何种形式插入到当前文档中。

● 说明：当选择一种"形式"时进行有关说明。

● 【显示为图标】复选框：在【粘贴】为【Microsoft Word文档对象】或选中【粘贴链接】单选按钮时，该复选框才可以选择。在这两种情况下，嵌入到文档中的内容将以其源程序图标形式出现。用户可以单击【更改图标】按钮来更改此图标。

【例3-2】利用"剪贴板"复制与粘贴文档中的内容。 视频

01 选择【开始】选项卡，在【剪贴板】命令组中单击 按钮，打开【剪贴板】窗格。

02 选中文档中需要复制的文本、图片或其他内容，按下Ctrl+C组合键将其复制。被复制的内容将显示在【剪贴板】窗格中。

03 重复执行步骤02的操作，【剪贴板】窗格中将显示多次复制的记录。

04 将鼠标指针插入Word文档中合适的位置，双击【剪贴板】窗格中的内容复制记录，即可将相关的内容粘贴至文档中。

3.2 插入符号和日期

在Word中可以很方便地插入需要的符号，还可以为常用的符号设置快捷键。在使用时只需要按下自定义的快捷键即可快速插入需要的符号。在制作通知、信函等文档内容时，用户还可以插入不同格式的日期和时间。

3.2.1 插入符号

在编辑文档时，可以参考下列步骤插入符号。

01 将插入点定位在文档中合适的位置，选择【插入】选项卡。在【符号】命令组中单击【符号】下拉按钮，在弹出的下拉菜单中选择【其他符号】选项。

02 打开【符号】对话框，选择需要的符号后，单击【插入】按钮即可。

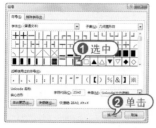

03 如果需要为某个符号设置快捷键，可以在【符号】对话框中选中该符号后，单击【快捷键】按钮，打开【自定义键盘】对话框。在【请按新快捷键】文本框中输入快捷键后，单击【指定】按钮，再单击【关闭】按钮。

04 将鼠标指针插入文档中合适的位置，按下步骤03设置的快捷键即可在文本中插入相应的符号。

3.2.2 插入当前日期

如果要在文档中插入当前计算机中的系统日期，可以按下列步骤操作。

01 将鼠标指针插入文档中合适的位置，选择【插入】选项卡，在【文本】命令组中单击【日期和时间】按钮，打开【日期和时间】对话框。

02 在【可用格式】列表框中选择所需的格式，然后单击【确定】按钮。

03 此时，即可在文档中插入当前日期。

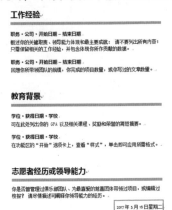

3.3 使用项目符号和编号

在制作文档的过程中，对于一些条理性较强的内容，可以为其插入项目符号和编号，使文档的结构更加清晰。

3.3.1 添加项目符号和编号

用户可以根据需要快捷地创建Word中的项目符号和编号。Word软件允许在输入的同时自动创建列表编号。具体操作步骤如下。

01 选中段落文本后，在【开始】选项卡的【段落】命令组中单击【项目符号】下拉按钮，在弹出的菜单中选择所需的项目符号，即可为段落添加项目符号。

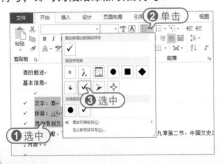

02 在【段落】命令组中单击【编号】下拉按钮，在弹出的菜单中选择需要的编号样式，即可为段落添加编号。

03 选择【文件】选项卡，在弹出的菜单中选择【选项】命令，打开【Word选项】对话框。选择【校对】选项，单击【自动更正选项】按钮。

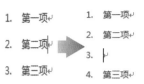

04 打开【自动更正】对话框，选择【键入时自动套用格式】选项卡。选中【自动编号列表】复选框，单击【确定】按钮。

05 此时，在文档中下方的空白处输入带编号的文本或者输入文本后添加项目符号。按下Enter键后，Word将自动在输入文本的下一行显示自动生成的编号。

06 在自动添加的编号后输入相应的文本。如果用户还需要插入一个新的编号，则将插入点定位在需要插入新编号的位置处，按下Enter键Word将根据插入点的位置创建一个新的编号。

【例3-3】为文档中的标题样式添加自动编号。🎬视频

01 当用户将各级标题文本设置成相应的标题样式后，可以添加自动编号以提高编排效果。选择【开始】选项卡，在【样式】命令组中单击 🔲 按钮，打开【样式】任务窗格。

02 在【样式】窗格中单击要设置编号的标题右侧的▼按钮，在弹出的菜单中选择【修改】命令，打开【修改样式】对话框。

03 在【修改样式】对话框中单击【格式】下拉按钮，在弹出的菜单中选择【编号】命令，打开【编号和项目符号】对话框。选择一种编号样式，单击【确定】按钮。

04 返回【修改样式】对话框，单击【确定】按钮，即可为选中的标题添加编号。

3.3.2 自定义项目符号和编号

在使用项目符号和编号功能时，除了可以使用系统自带的项目符号和编号样式以外，还可以对项目符号和编号进行自定义设置。具体操作步骤如下。

01 选中一段文本，在【开始】选项卡的【段落】命令组中单击【项目符号】下拉按钮，在弹出的列表中选择【定义新项目符号】选项。

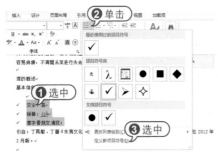

02 打开【定义新项目符号】对话框，单击【图片】按钮。

03 打开【插入图片】对话框，单击【来自文件】选项后的【浏览】按钮。

04 在打开的对话框中选择一个作为项目符号的图片，然后单击【插入】按钮。

05 返回【定义新项目符号】对话框，单击【确定】按钮。此时，在【段落】命令组中单击【项目符号】下拉按钮，在弹出的列表中将显示自定义的项目符号。

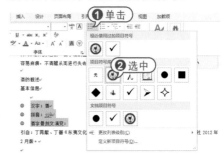

06 在【段落】命令组中单击【编号】下拉按钮，在弹出的列表中选择【定义新编号格式】选项，打开【定义新编号格式】对话框。在该对话框的【编号样式】下拉列表框中选择需要的样式，在【编号格式】文本框中设置编号格式，单击【确定】按钮。

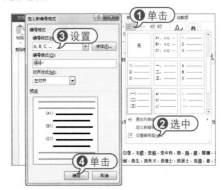

07 在【段落】命令组中单击【编号】按钮，在弹出的列表中可查看定义的编号样式。

3.4 设置文档的格式

在制作Word 2013文档的过程中，为了实现美观的效果，通常需要设置文字和段落的格式。

3.4.1 设置文本格式

用户可以通过对字体、字号、字形、字符间距和文字效果等内容的设置来美化文档效果，使文档清晰、美观。下面将介绍设置字体格式的操作步骤。

01 选中文档中的文本后，右击，在弹出的菜单中选择【字体】命令。

02 打开【字体】对话框，单击【中文字体】按钮，在弹出的列表中选择文本的字体格式，在【字号】列表框中设置文本字号，在【字形】列表框中设置文本字形。

03 选择【高级】选项卡，单击【间距】下拉按钮，在弹出的列表中设置字体间距为【加宽】，并在【磅值】文本框中输入间距值为1.5磅。

04 单击【确定】按钮后，文本效果如下图所示。

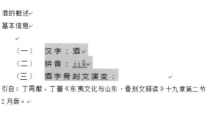

酒的概述
基本信息

(一) 汉字：酒
(二) 拼音：jiǔ
(三) 酒字骨刻文演变：

引自：丁再献、丁蕾《东夷文化与山东·骨刻文释读》十九章第二节
2月版。

3.4.2 设置段落格式

对于文档中的段落文本内容，可以设置其段落格式。行距决定段落中各行文字之间的垂直距离，段落间距决定段落上方和下方的空间。下面将介绍设置段落格式的具体操作。

01 将鼠标点定位于文本中(第1行文本)，在【开始】选项卡的【段落】命令组中单击【居中】按钮。

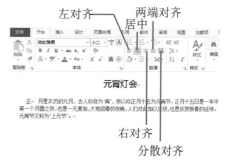

元宵灯会

正　月是农历的元月，古人称夜为"宵"，所以称正月十五为元宵节。正月十五日是一年中第一个月圆之夜，也是一元复始，大地回春的夜晚，人们对此加以庆祝，也是庆贺新春的延续。元宵节又称为"上元节"。

02 此时，第1行文本的对齐方式变为【居

中对齐】方式。Word软件中的文本对齐方式还有左对齐、右对齐、两端对齐、分散对齐。

03 选中文档中需要设置段落格式的文本，右击，在弹出的菜单中选择【段落】命令，打开【段落】对话框。

04 打开【段落】对话框，在【缩进和间距】选项卡中设置【左侧】和【右侧】的值为【2字符】。单击【特殊格式】下拉按钮，在弹出的菜单中选择【首行缩进】选项，并设置其值为【2字符】。

05 单击【行距】下拉按钮，在弹出的列表中选择【1.5倍行距】选项。将【段前】和【段后】的值设置为【1行】和【0行】，然后单击【确定】按钮。

06 此时，被选中段落的文本格式效果如下图所示。

【例3-4】使用【格式刷】将指定文本、段落或图形的格式复制到目标文本、段落或图形上。 ▶视频

01 选中文档中需要复制格式的文本，在【开始】选项卡的【剪贴板】命令组中单击【格式刷】按钮。

02 当鼠标指针变为形状时拖动选中目标文本即可。

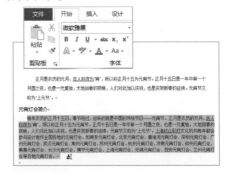

03 将光标放置在某个需要复制格式的段落内，单击【格式刷】按钮。

04 当鼠标指针变为形状时，拖动选中整个目标区域段落，即可将格式复制到目标段落。

05 选中文档中需要复制格式的图形，单击【格式刷】按钮。

06 当鼠标指针变为形状时，单击目标图形，即可将图形格式复制到目标图形上。

3.5 利用样式格式化文档

样式包括字体、字号、字体颜色、行距、缩进等，运用样式可以快速改变文档中选定文本的格式设置，从而方便用户进行排版工作，大大提高工作效率。本节将介绍套用内建样式格式化文档，以及修改和自定义样式的方法。

3.5.1 套用样式格式化文档

Word为用户提供了多种内建的样式，如"标题1"、"标题2"等。在格式化文档时，可以直接使用这些内建样式对文档进行格式设置。下面将介绍套用内建样式格式化文档的具体操作。

01 将鼠标指针插入标题文本中，在【开始】选项卡的【样式】命令组中单击【标题1】选项。

02 此时，可为文档应用【标题1】样式。

03 选中文档正文的某段，在【样式】命令组中单击【样式】按钮，在弹出的列表中选择【强调】选项。

04 此时，被选中段落将应用【强调】样

式。效果如下图所示。

3.5.2 修改和自定义样式

用户不仅可以套用软件内建的样式，还可以对Word内建的样式进行修改或自定义新的样式，以方便格式化文档。下面将介绍修改和自定义样式的方法。

01 将鼠标指针插入段落中，在【开始】选项卡的【样式】命令组中单击对话框启动器按钮，打开【样式】窗格。

02 在【样式】窗格中右击需要修改的内建样式，在弹出的菜单中选择【修改】命令，打开【修改样式】对话框。将【字号】设置为【五号】，将【字体颜色】设置为【红色】。

03 单击【确定】按钮后，文档中应用了所设置样式的段落文本将如下图所示。

04 将鼠标指针插入需要应用新样式的段落中，在【样式】窗格中单击【新建样式】按钮，打开【根据格式设置创建新样式】对话框。

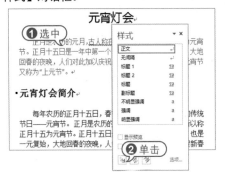

05 在【名称】文本框中输入【正文段落】，将【格式】设置为【微软雅黑】，将【字体颜色】设置为【红色】。

06 单击【确定】按钮，文档中段落已经应用了新建的样式。

3.6 设置文档版式

一般报刊都需要创建带有特殊效果的文档，这就需要使用一些特殊的版式。Word 2013提供了多种特殊版式，常用的为文字竖排、首字下沉和分栏版式。

3.6.1 设置文字竖排版式

古人写字都是以从右至左、从上至下的方式进行竖排书写，但现代人都是以从左至右方式书写文字。使用Word 2016的文字竖排功能，可以轻松执行古代诗词的输入(即竖排文档)，从而还原古书的效果。

01 选择【页面布局】选项卡，在【页面设置】命令组中单击【文字方向】按钮，

在弹出的列表中选择【垂直】选项。

02 此时，将以从上至下，从右到左的方式排列诗词内容。

3.6.2 设置首字下沉版式

首字下沉是报刊中较为常用的一种文本修饰方式，使用该方式可以很好地改善文档的外观，使文档更引人注目。

01 将鼠标指针插入正文第1段前，选择【插入】选项卡，在【文本】命令组中单击【首字下沉】按钮，在弹出的列表中选择【首字下沉选项】选项。

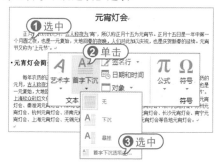

02 打开【首字下沉】对话框，将【位置】设置为【下沉】。

03 单击【确定】按钮后，段落首字下沉的效果如下图所示。

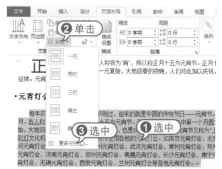

知识点滴

在Word中，首字下沉共有两种不同的方式：一种是普通的下沉，另外一种是悬挂下沉。两种方式的区别在于：【下沉】方式设置的下沉字符紧靠其他的文字，而【悬挂】方式设置的字符可以随意地移动位置。

3.6.3 设置页面分栏版式

分栏是指按实际排版需求将文本分成若干个条块，使版面更为美观。在阅读报刊时，常常会发现许多页面被分成多个栏目。这些栏目有的是等宽的，有的是不等宽的，从而使得整个页面布局显得错落有致，易于读者阅读。

01 选中文档中的段落，选择【页面布局】选项卡，在【页面设置】组中单击【分栏】下拉按钮，在弹出的快捷菜单中选择【更多分栏】命令。

02 打开【分栏】对话框，选择【两栏】选项，选中【栏宽相等】复选框和【分隔线】复选框。

03 在【分栏】对话框中，单击【确定】按钮后，文档中被选中段落的版式效果如下图所示。

3.7 进阶实战

本章的进阶实战部分将通过实例介绍使用Word创建"战略研究报告"文档的具体操作，帮助用户巩固所学的知识。

【例3-5】使用Word 2013制作一个研究报告文档。

视频+素材 (光盘素材\第03章\例3-5)

01 按下Ctrl+N组合键，创建一个空白Word文档并在其中输入下图所示的文本。

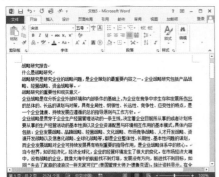

02 选择文档中的第1段文本，在【开始】选项卡的【字体】命令组中将字体设置为【宋体】，【字号】设置为【二号】，【字体颜色】设置为【深蓝】。单击【加粗】按钮 B 。在【段落】命令组中单击【居中】按钮 ≡ 。

03 选中文档中的第2段文本，在【样式】命令组中选择【副标题】选项，设置研究报告的副标题。

04 选择文档中副标题以下的所有文本。选择【布局】选项卡，在【页面设置】命令组中单击【分栏】下拉按钮，在弹出的菜单中选择【两栏】命令。

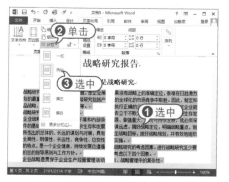

05 选中文档中下图所示的文本,在【开始】选项卡的【段落】组中单击 ⌐ 按钮。

06 打开【段落】对话框,单击【特殊格式】下拉按钮,在弹出的列表中选择【首行缩进】选项,在该选项后的文本框中输入"2字符"。

07 单击【确定】按钮,即可设置选中的段落首行缩进。

08 在【剪贴板】命令组中双击【格式刷】按钮 ✔,将段落格式复制到下图所示的文本中。完成后按下Esc键。

09 选中文档中的文本"1.战略管理中的复杂性",在【样式】命令组中单击【样式】下拉列表按钮,在展开的库中选择【创建样式】选项。

10 打开【根据格式设置创建新样式】对话框,在【名称】文本框中输入"自定义标题样式",然后单击【修改】按钮。

11 打开【根据格式设置创建新样式】对话框。将字体格式设置为【微软雅黑】、

【加粗】。单击【格式】下拉按钮，在弹出的列表中选择【段落】选项。

12 打开【段落】对话框，将【段前】和【段后】设置为【0.5行】，然后单击【确定】按钮。

13 返回【根据格式设置创建新样式】对话框，单击【确定】按钮。在【样式】命令组的样式库中创建【自定义标题样式】样式，并应用于选中的文本。

战略研究报告

什么是战略研究

战略研究是研究企业发展问题，是企业策划的最重要内容之一。企业如果没有战略，是很难在日趋激烈的全球化的市场竞争中取胜。因此，制定和执行正确战略的企业成为，口延成为小企业家都应当子子关之地的关键。面向企业确定生存发展、兴衰荣枯、发现可持续繁荣，其设计战略正是关键，它明确战略重点，制定战略目标，提供战略规划，并有效地组织实施。

企业战略是贯穿于企业生产经营管理活动的一条主线，决定着企业目前所从事的或者计划将要从事的生产经营活动的基本性质以及企业资源配置与环境相互作用的基本模式，具有全局、长远、纲领、品牌战略、经营战略、文化战略、市场战争

14 选中文档中的其他文本，并将创建的【自定义标题样式】应用在文本上。

15 将鼠标指针置于文档的结尾处，选择【引用】选项卡，在【脚注】命令组中单击【插入尾注】按钮。

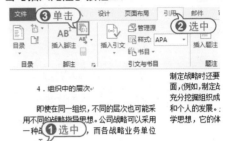

16 在显示的两段尾注的上半段输入尾注标题。

17 在尾注的下半段输入如下图所示的文本内容。

4．组织中的层次

即使在同一组织，不同的层次也可能采用不同的战略指导思想。公司战略可以采用一种战略指导思想，而各战略业务单位关于以上内容的补充说明。

面，(例如，制定战略不能以牺牲环境为代价)，充分挖掘组织成员的潜力，促进社会的进步和个人的发展。另外，CST 是一种开放的哲学思想，它的体系欢迎新的战略学派加入。

研究报告包括多个行业，网站评价分析报告可以发挥多方面的作用：及时发现和改善网站的问题、为制定网站推广策略提供决策依据专业人士

的分析建议用于指导网络营销工作的开展，检验网站期期策划及对网站建设专业水平等等。获得专业网络营销师的分析建议，让网站真正体现其网络营销价值。

18 选中尾注上半部分的文本，右击，在弹出的菜单中选择【字体】命令。

19 打开【字体】对话框，将【中文字体】设置为【楷体】，【字形】设置为【加粗】，【字号】设置为【小五】。

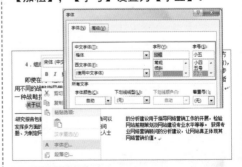

20 选择【高级】选项卡，单击【位置】按钮。在弹出的列表中选择【提升】选项，在该选项后的文本框中输入"3磅"。

21 单击【确定】按钮，应用字体样式。然后参考步骤18的操作，设置尾注下半部分文字的字体格式。

22 将鼠标指针放置在"战略研究报告"文档的标题右侧，按下Enter键另起一行。在【开始】选项卡的【样式】命令组中单击【样式】按钮，在展开的库中为创建的新行应用【正文】样式。

23 选择【引用】选项卡，在【目录】命令组中单击【目录】下拉按钮，在弹出的

下拉列表中选择【自定义目录】选项。

24 打开【目录】对话框。取消【使用超链接而不使用页码】复选框的选中状态，单击【制表符前导符】下拉按钮，在弹出的下拉列表中选择一种符号。

25 单击【选项】按钮，打开【目录选项】对话框。在【自定义标题样式】选项后的文本框中输入2，然后单击【确定】按钮。

26 返回【目录】选项卡，单击【修改】按钮，打开【样式】对话框。选中【目录1】选项，然后单击【修改】按钮。

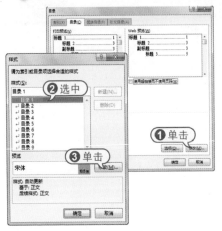

27 打开【修改样式】对话框，在【格式】选项卡中将字体设置为【黑体】，将字号设置为【五号】。单击【字体颜色】下拉按钮，在展开的样式库中选择【深蓝】选项。

28 单击【确定】按钮，返回【样式】对话框。选中【目录2】选项，然后参考步骤27的操作，设置目录2的字体格式。

29 返回【目录】对话框，单击【确定】按钮。将在文档中插入如下图所示的目

录。将鼠标指针插入目录的后方，按下Delete键，删除目录后的空行。

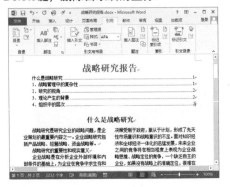

30 将鼠标指针插入目录的头部，按下Enter键插入一个空行，并输入文本"目录"。

31 选中文本"目录"，在【开始】选项卡的【样式】命令组中单击【标题】样式。

32 按下F12键，在打开对话框的【文件名】文本框中输入"战略研究报告"，然后单击【保存】按钮将文档保存。

3.8 疑点解答

◆ 问：在Word 2013中有哪些快捷键可以帮助用户提高工作效率？

答：在Word中按下Ctrl+Z组合键可以撤销上一个操作；按下Ctrl+Y组合键可以重复上一个操作；按下Ctrl+Shift+C组合键可以复制当前格式；按下Ctrl+Shift+V组合键可以粘贴复制的格式；按下Ctrl+Q组合键可以删除段落格式；按下Ctrl+Spacebar组合键可以删除字符格式；按下Ctrl+N组合键可以创建新文档。

第4章

Word图文混排

　　在文档中适当地插入一些图形、图片、艺术字、文本框等对象，不仅会使文章、报告显得生动有趣，还能帮助用户更快地理解文章内容。本章将介绍使用Word 2013图文混排功能修饰文档的方法与技巧。

对应光盘视频

例4-1 批量提取文档中的图片　　　例4-4 设置自适应文本框
例4-2 利用遮罩裁剪图片　　　　　　例4-5 制作售后服务保障卡
例4-3 快速还原文档中的图片　　　　例4-6 制作房地产宣传彩页

4.1 插入图片

图片是日常文档中的重要元素。在制作文档时，常常需要插入相应的图片文件来具体说明一些相关的内容信息。在Word 2013中，用户可以在文档中插入电脑中保存的图片，也可以插入屏幕截图。

4.1.1 插入文件中的图片

用户可以直接将保存在电脑中的图片插入Word文档中，也可以利用扫描仪或者其他图形软件插入图片到Word文档中。具体方法如下。

01 将鼠标指针插入文档中合适的位置后，选择【插入】选项卡。在【插入】命令组中单击【图片】按钮，打开【插入图片】对话框。

02 在【插入图片】对话框中选中一个图片文件后，单击【插入】按钮。

03 此时，将在文档中插入一个图片。

4.1.2 插入屏幕截图

用户如果需要在Word文档中使用当前页面中的某个图片或者图片的一部分，则可以利用Word 2013的"屏幕截图"功能来

实现。下面将介绍插入屏幕视图，以及自定义屏幕截图的方法。

1 插入屏幕截图

屏幕截图指的是当前打开的窗口。用户可以快速捕捉打开的窗口并插入到文档中。

01 选择屏幕窗口，在【插入】选项卡的【插图】命令组中单击【屏幕截图】下拉按钮。在展开的库中选择当前打开的窗口缩略图，如下图所示。

02 此时，将在文档中插入窗口的屏幕截图。

2 编辑屏幕截图

如果用户正在浏览某个页面，则可以将页面中的部分内容以图片的形式插入Word文档中。此时，需要使用自定义屏幕

截图功能来截取所需图片。

01 在【插入】选项卡的【插入】命令组中单击【屏幕截图】下拉按钮，在展开的库中选择【屏幕剪辑】选项。然后在需要截取图片的开始位置进行拖动，至合适位置释放鼠标。

02 此时，即可在文档中插入下图所示的屏幕截图。

- ▶
【例4-1】批量提取Word文档中插入的图片。
◎视频▶ (光盘素材\第04章\例4-1)
◀ -

01 打开需要提取图片的Word文档。

02 打开【另存为】选项区域，双击【计算机】选项。在打开的【另存为】对话框的地址栏中选择要另存的位置，在【文件名】文本框中输入名称，如"文档图片"。将【保存类型】设置为【网页(*.htm;*html)】。

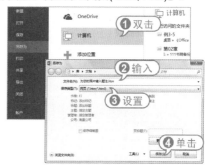

03 单击【确定】按钮将文档保存后，在保存位置会出现【文档图片.files】文件夹。双击打开【文档图片.files】文件夹。这时可以发现文档内的所有图片都存储在该文件夹中。

4.2 编辑图片

在文档中插入图片后，经常还需要进行设置才能达到用户的需求，如调整图片的大小、位置，以及图片的文字环绕方式和图片样式等。本节将介绍编辑图片的具体方法。

4.2.1 调整图片大小和位置

在Word文档中调整图片大小和位置的方法如下。

01 选中文档中插入的图片，将指针移动

至图片右下角的控制柄上，当指针变成双向箭头形状时进行拖动。

02 当图片大小变化为合适的大小后，释放鼠标即可更改图片大小。

战略研究报告

03 选中文档中的图片，将鼠标指针放置在图片上方，当指针变为十字箭头时进行拖动。

略研究报告

04 将图片拖动至合适的位置后释放鼠标。此时可以看到图片的位置发生了变化。

战略研究报告

4.2.2 裁剪图片

如果只需要插入图片中的某一部分，可以对图片进行裁剪，将不需要的图片部分裁掉。具体方法如下。

01 选择文档中需要裁剪的图片，在【格式】选项卡的【大小】命令组中单击【裁剪】下拉按钮，在弹出的列表中选择【裁剪】选项。

02 调整图片边缘出现的裁剪控制手柄，拖动需要裁剪边缘的手柄。

03 按下Enter键即可裁剪图片，并显示裁剪后的图片效果。

【例4-2】利用遮罩将图片裁剪成形状。
视频 (光盘素材\第04章\例4-2)

01 单击需要裁剪的图片，选择【格式】选项卡。在【大小】命令组中单击【裁剪】下拉按钮，在弹出的列表中选择【裁剪为形状】选项。

02 在弹出的子菜单中选择一种形状，即可将图片剪裁成如下图所示的样式。

4.2.3 设置图片与文本位置

在默认情况下，在文档中插入图片是以嵌入的方式显示的。用户可以通过设置环绕文字来改变图片与文本的位置关系。

01 选中文档中的图片，在【格式】选项卡的【排列】命令组中单击【自动换行】下拉按钮，在弹出的列表中选择【浮于文字上方】选项，可以设置图片浮于文字上方。用户可将图片拖动至文档任意位置处。

02 单击【自动换行】下拉按钮，在弹出的列表中还可以选择其他位置关系，如选择【四周型环绕】选项，图片在文档中的效果如下图所示。

除此之外，在【自动换行】列表中用户还可以设置其他各种图片与文字的位置，用户可以根据文档制作需要自行设置。

4.2.4 应用图片样式

Word 2013提供了图片样式，用户可以选择图片样式快速对图片进行设置。操作步骤如下。

01 选择图片，在【格式】选项卡的【图片样式】命令组中单击【其他】按钮，在弹出的下拉列表中选择一种图片样式。

02 此时，图片将应用设置的图片样式。

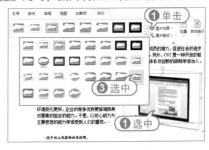

【例4-3】快速还原Word文档中图片的原始状态。 视频

01 选中文档中的图片。

02 选择【格式】选项卡，在【调整】命令组中单击【重设图片】下拉按钮，在弹出的列表中选择【重设图片和大小】选项。

4.3 调整图片

在Word 2013中，用户可以快速地设置文档中图片的效果，如删除图片背景、更改图片亮度和对比度、重新设置图片颜色等。

4.3.1 删除图片背景

如果不需要图片的背景部分，可以使用Word 2013删除图片的背景。具体方法如下。

01 选中文档中插入的图片，在【格式】选项卡的【调整】命令组中单击【删除背景】按钮。

02 在图片中显示保留区域控制柄，拖动手柄调整需要保留的区域。

03 在【优化】命令组中单击【标记要保

留的区域】按钮，在图片中单击鼠标标记保留区域。

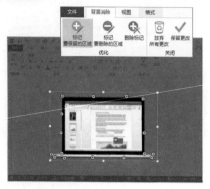

04 按下Enter键，可以显示删除背景后的图片效果。

4.3.2 更改图片亮度和对比度

Word 2013为用户提供了设置亮度和对比度功能。用户可以通过预览到的图片效果来进行选择，快速得到所需的图片效果。具体方法如下。

01 选中文档中的图片后，在【格式】选项卡的【调整】命令组中单击【更正】下拉按钮，在弹出的列表中选择需要的效果。

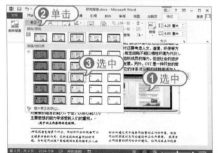

02 此时，图片将发生相应的变化，改动亮度和对比度效果。

4.3.3 重新设置图片颜色

如果用户对图片的颜色不满意，可以对图片颜色进行调整。在Word 2013中，可以快速得到不同的图片颜色效果。具体方法如下。

01 选择文档中的图片，在【格式】选项卡的【调整】命令组中单击【颜色】下拉按钮，在展开的库中选择需要的图片颜色。

02 此时，图片的颜色已经发生了更改。

4.3.4 为图片应用艺术效果

Word 2013提供多种图片艺术效果，用户可以直接选择所需的艺术效果对图片进行调整。具体方法如下。

01 选中文档中的图片，在【格式】选项卡的【调整】命令组中单击【艺术效果】

下拉按钮，在展开的库中选择一种艺术字效果，如"线条图"。

02 此时，将显示图片的艺术处理效果。

4.4 应用艺术字

在Word文档中灵活地应用艺术字功能，可以为文档添加生动且具有特殊视觉效果的文字。由于在文档中插入艺术字会被作为图形对象处理，因此在添加艺术字时，需要对艺术字样式、位置、大小进行设置。

4.4.1 插入艺术字

插入艺术字的方法有两种，一种是先输入文本，再将输入的文本应用为艺术字样式；另一种是先选择艺术字的样式，然后在Word提供的文本占位符中输入需要的艺术字文本。

01 在【插入】选项卡的【文本】工作组中单击【艺术字】下拉按钮，在展开的库中选择需要的艺术字样式。

02 此时，将在文档中插入一个所选的艺术字样式，在其中显示"请在此放置您的文字"。

03 删除艺术字样式中显示的文本，输入需要的艺术字内容即可。

4.4.2 编辑艺术字

艺术字是作为图形对象放置在文档中的。用户可以将其作为图形来处理，如更改位置、大小和样式等。

01 选中文档中插入的艺术字，选择【格式】选项卡，在【排列】命令组中单击【自动换行】下拉按钮，在弹出的列表中选择【嵌入型】选项。

02 此时，可以看到艺术字以嵌入的方式显示在文档中。将鼠标指针插入艺术字所在的位置，然后在【段落】命令组中单击【居中】按钮，使艺术字所在的段落以居中方式显示。

03 选择艺术字并选择【格式】选项卡，在【艺术字样式】命令组中单击 按钮，打开【设置形状格式】窗格。

04 在【设置形状格式】窗格中展开【发光】选项区域，单击 按钮，在展开的库中选择一种发光效果。

05 展开【三维格式】选项区域，单击【顶部棱台】下拉按钮，在展开的库中选择一种三维效果。

06 展开【映像】选项区域，单击【映像】按钮，在展开的库中选择一种映像效果。

07 完成以上设置后，文档中艺术字的编辑效果如下图所示。

4.5 应用文本框

在编辑一些特殊版面的文稿时，常常需要用到Word中的文本框将一些文本内容显示在特定的位置。常见的文本框有横排文本框和竖排文本框，下面将分别介绍其使用方法。

4.5.1 使用横排文本框

横排文本是用于输入横排方向文本的图形。在特殊情况下，用户无法在目标位置处直接输入需要的内容，此时就可以使用文本框进行插入。

01 选择【插入】选项卡，在【文本】命令组中单击【文本框】下拉按钮，在弹出的列表中选择【绘制文本框】选项。

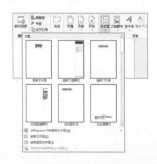

02 此时，鼠标指针将变为十字形状，在文档中的目标位置处进行拖动，至目标位置处释放鼠标。

03 释放鼠标后即绘制出文本框，默认情况下为白色背景。在其中输入需要的文本框内容即可。

04 选中文本框，选择【开始】选项卡，在【字体】命令组中设置字体格式为【微软雅黑】，字号为【小五】，字体颜色为【深蓝】。

05 选择【格式】选项卡，在【形状样式】命令组中单击【形状轮廓】下拉按钮，在弹出的列表中选择【无轮廓】选项。单击【形状填充】下拉按钮，在弹出的列表中选择【无填充颜色】选项，设置文本框效果如下图所示。

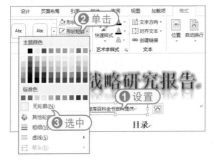

【例4-4】设置让文本框中的文字大小随文本框大小变化。 视频

01 在文档中插入一个文本框后，在文本框中输入文字并选中文本框。

02 按下Ctrl+X组合键剪切文本框，然后按下Ctrl+Alt+V组合键打开【选择性粘贴】对话框。选中【图片(增强型图元文件)】选项，并单击【确定】按钮，将文本框选择性粘贴为图片。

03 此时，拖动文本框四周的控制点放大文本框，就会发现文字也随着变大了。

4.5.2 设置竖排文本框

用户除了可以在文档中插入横排文本框以外，还可以根据需要使用竖排样式的文本框，以实现特殊的版式效果。具体方法如下。

01 选择【插入】选项卡，单击【文本】命令组中的【文本框】下拉按钮，在展开的库中选择【绘制竖排文本框】选项。

02 在文档中的目标位置处进行拖动，至目标位置处释放鼠标，绘制一个竖排文本框。

03 在竖排文本框中输入文本内容，可以看到输入的文字以竖排形式显示。

战略研究报告

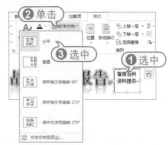

04 选中竖排文本框，在【格式】选项卡的【文本】组中单击【文字方向】下拉按钮，在弹出的菜单中选择【水平】命令。

05 此时，可以看到文本框内的竖排方向已经发生了改变，效果如下图所示。

Word 2013提供了44种内置文本框，如简单文本框、边线型提要栏和大括号型引述等。通过插入这些内置文本框，可快速制作出优秀的文档。

4.6 应用自选图形

自选图形是运用现有的图形，如矩形、圆等基本形状，以各种线条或连接符来绘制的用户需要的图形样式。例如，使用矩形、圆、箭头、直线等形状制作一个流程图。

4.6.1 绘制自选图形

自选图形包括基本形状、箭头总汇、标注、流程图等类型，各种类型又包含了多种形状。用户可以选择相应图标绘制所需图形。具体方法如下。

01 选择【插入】选项卡，单击【插图】命令组中的【形状】按钮，在展开的库中选择【矩形】选项。

02 在文档中进行拖动，即可绘制一个矩形图形。

战略研究报告

目录

03 右击绘制的矩形，在弹出的菜单中选择【编辑文字】命令，可以在图形中输入需要的文本内容。

战略研究报告

目录

04 选中已经设置文本的矩形，将鼠标指针移动至矩形的边框位置处。当指针变成十字箭头形状时按住Ctrl键并同时进行拖动。

05 此时，复制了一个相同的矩形。双击复制的矩形，可以编辑其中的文本。

06 按住Ctrl键选中文档中的图形，拖动鼠标调整自选图形在文档中的位置。

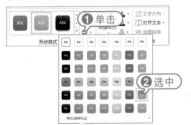

4.6.2 设置自选图形格式

在文档中绘制自选图形后，为了使其与文档内容更加协调，用户可以设置相关的格式，如更改自选图形的大小、位置等。下面将介绍设置自选图形格式的方法。

01 按住Ctrl键同时选中文档中的两个矩形图像，选择【格式】选项卡，在【形状样式】命令组中单击【形状填充】下拉按钮，在展开的库中选择一种形状样式。

02 在【形状样式】命令组中单击【形状轮廓】下拉按钮，然后在展开的库中选择一种颜色。

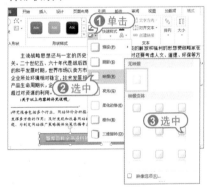

03 在【形状样式】命令组中单击【形状效果】下拉按钮，然后在展开的库中选择一种形状效果。

04 选中文档中的两个自选图形，在【排列】命令组中单击【组合】下拉按钮，在弹出的菜单中选择【组合】命令，将选中的图形组合。

05 选中组合后的图形，将鼠标移动至组合后图形的边缘。当指针变为十字状态后，进行拖动，将图形移动至文档中合适的位置。

06 在【排列】命令组中单击【对齐对象】下拉按钮，在弹出的列表中选择【左右居中】选项，设置组合形状在文档中居中显示。

4.7 应用SmartArt图形

SmartArt图形是信息和观点的视觉表示形式，帮助用户快速、有效地传达信息。本节将通过案例操作介绍在文档中创建与设置SmartArt图形的具体方法。

4.7.1 创建SmartArt图形

在创建SmartArt图形之前，用户需要考虑最适合显示数据的类型和布局，SmartArt图形要传达的内容是否要求特定的外观等问题。下面将介绍创建SmartArt图形的方法。

01 将鼠标指针插入文档中，选择【插入】选项卡，单击【插图】命令组中的SmartArt按钮，打开【插入SmartArt图形】对话框。选中【关系】选项，在显示的选项区域中选择一种SmartArt图形样式，然后单击【确定】按钮。

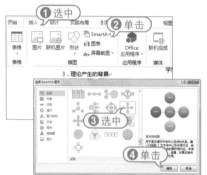

02 此时，将在文档中创建SmartArt图形，并显示【SmartArt工具】选项卡。

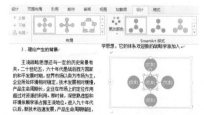

03 分别单击SmartArt图形中的文本占位符，并分别输入需要的内容。

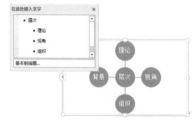

04 选中文本"理论"所在的形状。选择【设计】选项卡，在【创建图形】命令组中单击【添加形状】下拉按钮，在弹出的列表中选择【在后面添加形状】命令。

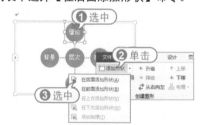

05 此时，在所选形状的后面添加了一个相同的形状。在【在此处键入文字】窗格中显示了添加的新项目，输入需要添加的项目内容。

06 如果用户需要编辑SmartArt图形中的文字，可以右击图形，在弹出的菜单中选

择【编辑文字】命令，输入文本即可。

4.7.2 设置SmartArt图形格式

在创建SmartArt图形之后，用户可以更改其图形的形状、文本的填充以及三维效果，如设置阴影、反射、发光、柔滑边缘或旋转效果。

01 选中文档中的SmartArt图形，在【设计】命令组中单击【更改颜色】下拉按钮，在展开的库中选择需要的颜色，更改SmartArt图形的颜色。

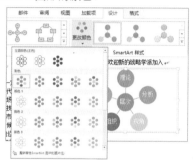

02 在【设计】选项卡的【SmartArt样式】命令组中单击【其他】按钮，在展开的库中选择需要的图形样式。

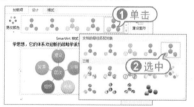

03 右击SmartArt图形，在弹出的菜单中选择【设置对象格式】命令，打开【设置形状格式】窗格。

04 在【设置形状格式】窗格中展开【填充】选项区域，选中【渐变填充】单选按钮。单击【预设渐变】按钮，在展开的库中选择一种预设的渐变选项。

05 展开【线条】选项区域，选中【实线】单选按钮，并设置其下方的透明度、宽度等参数。

06 完成后文档中SmartArt图形的效果如下图所示。

4.8 进阶实战

本章的进阶实战部分将通过实例介绍使用Word制作售后服务保障卡、房地产宣传彩页的方法，帮助用户巩固所学的知识。

4.8.1 制作售后服务保障卡

【例4-5】制作售后服务保障卡。
视频+素材 (光盘素材\第04章\例4-5)

01 按下Ctrl+N组合键创建一个空白文档。选择【页面布局】选项卡，在【页面设置】命令组中单击【页面设置】按钮。在打开的【页面设置】对话框的【页边距】选项卡中，将【上】、【下】、【左】、【右】都设置为【1.5厘米】。

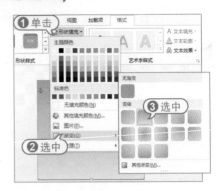

02 选择【纸张】选项卡，将【宽度】和【高度】分别设置为【23.2厘米】和【21.2厘米】。

07 单击【形状填充】按钮，在弹出的下拉列表中选择【渐变】|【其他渐变】选项。

08 打开【设置形状格式】窗格，将左侧光圈的RGB值设置为216、216、216，将中间光圈的RGB值设置为175、172、172，将右侧光圈的RGB值设置为118、112、112。

09 关闭【设置形状格式】窗格，在【插入】选项卡的【插图】命令组中单击【形状】下拉按钮，在展开的库中选择【矩形】选项，通过拖动在文档中绘制一个矩形。

03 以上设置完成后，单击【确定】按钮，即可更改页面的布局。选择【插入】选项卡，在【页面】命令组中单击【空白页】按钮，添加一张空白页。

04 在【插图】命令组中单击【形状】下拉按钮，在展开的库中选择【矩形】选项。

05 通过拖动，在文档的第一页中绘制一个与文档页面大小相同的矩形。

06 选择【格式】选项卡，在【形状样式】命令组中单击【形状填充】按钮，在展开的库中选择【渐变】|【线性向下】选项。

10 选中步骤09绘制的矩形，选择【格式】选项卡，在【大小】组中单击【高级版式：大小】按钮，打开【布局】对话框。

11 选择【大小】选项卡，在【高度】选项区域中将【绝对值】设置为【9.6厘米】，在【宽度】选项区域中将【绝对值】设置为【21.2厘米】。

12 在【布局】对话框中选择【位置】选项卡，在【水平】和【垂直】选项区域中将【绝对位置】设置为【-0.55厘米】。

13 单击【确定】按钮，关闭【布局】对话框。在【形状样式】命令组中单击【设置形状样式】按钮，在打开的【设置形状格式】窗格中将【填充】选项区域中【颜色】的RGB值设置为0、88、152。

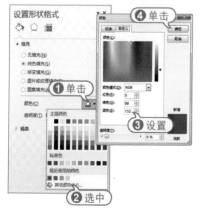

14 关闭【设置形状格式】窗格。选择【插入】选项卡，在【插图】组中单击【图像】按钮，在打开的对话框中选择一个图片文件后单击【插入】按钮，插入下图所示的图片。

15 在【排列】命令组中单击【自动换行】下拉按钮，在弹出的列表中选择【浮于文字上方】选项。

16 在文档中调整图像的位置，完成后按下Esc键取消图像的选择。选择【插入】选项卡，在【文本】命令组中单击【文本框】下拉按钮，在展开的库中选择【绘制文本框】选项。

17 通过拖动在文档中绘制一个文本框，并输入文本。选中输入的文本，选择【开始】选项卡，在【字体】命令组中设置文本的字体为【方正综艺简体】，设置字号为【五号】。

18 选择【格式】选项卡，在【形状格式】命令组中将【形状填充】设置为【无填充颜色】，将【形状轮廓】设置为【无轮廓】。在【艺术字样式】组中将【文本填充】设置为【白色】，并调整文本框和图片的大小和位置。

19 选中文档中的文本框，按下Ctrl+C组合

键复制文本框，按下Ctrl+V组合键粘贴文本框，并调整复制后文本框的位置，并将文本框中的文字修改为"售后服务保障卡"。

20 在【字体】命令组中将文本"售后服务保障卡"的【字体】设置为【华文行楷】，将【字号】设置为48。

21 重复步骤20的操作，复制更多的文本框，并在其中输入相应的文本内容，完成后效果如下图所示。

22 选中并复制文档中的蓝色图形，使用键盘上的方向键调整图形在文档中的位置。选择【格式】选项卡，在【形状样式】命令组中将复制后的矩形样式设置为【彩色样式-蓝色 强调颜色1】。

23 重复步骤22的操作，复制文档中的矩形并调整矩形的大小。右击调整大小后的图形，在弹出的菜单中选择【编辑顶点】命令，编辑矩形图形的顶点改变图形形状。

24 按下Enter键，确定图形顶点的编辑。

选择【插入】选项卡，在【文本】命令组中单击【文本框】下拉按钮，在弹出的菜单中选择【绘制文本框】命令，在文档中绘制一个文本框，并在其中输入如下图所示的文本。

25 使用同样的方法，在文档中绘制其他文本框，输入相应的文本并插入直线图形，完成后文档效果如下图所示。

4.8.2 制作房地产宣传彩页

【例4-6】使用Word 2013制作房地产宣传彩页。

📀视频+素材 (光盘素材\第04章\例4-6)

01 按下Ctrl+N组合键，新建一个空白Word文档。选择【页面布局】选项卡，在【页面设置】命令组中单击【页面设置】按钮，打开【页面设置】对话框。设置【宽度】为【29.6厘米】，【高度】为【41.9厘米】。

02 选择【页边距】选项卡，在【页边距】选项区域中，将【上】、【下】、【左】和【右】均设置为【1厘米】，在【纸张方向】选项区域中，选择【横向】单选按钮，然后单击【确定】按钮。

03 选择【插入】选项卡，在【插图】命令组中单击【形状】下拉按钮，在文档中插入如下图所示的矩形。

04 选择【格式】选项卡，在【大小】命令组中设置图形的【形状高度】为【25.8厘米】，设置【形状宽度】为【17.5厘米】。

05 在【形状样式】命令组中单击【设置形状样式】按钮，打开【设置图片格式】窗格。展开【填充】选项区域，选择【图片或纹理填充】单选按钮，然后单击【文件】按钮。

06 打开【插入图片】对话框。选择一张图片，然后单击【插入】按钮，为绘制的图形设置填充图案。

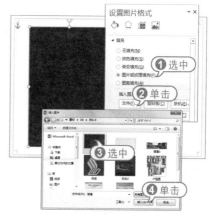

07 绘制一个高度为23.8厘米、宽度为16厘米的矩形，拖动调整其在文档中的位置，如下图所示。

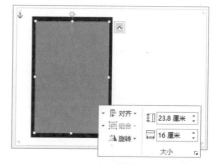

08 重复步骤5、6的操作，在【设置图片格式】窗格为新绘制的矩形设置填充图案。

09 绘制一个高度为【5厘米】，宽度为【16.3厘米】的矩形，并为其设置如下图所示的填充图案。

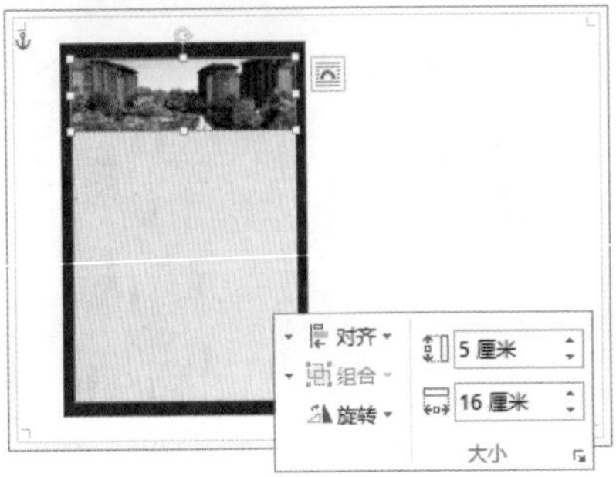

10 选中绘制的矩形，在【设置图片格式】窗口中展开【映像】选项区域，单击□·按钮，在展开的库中选择【半映像】选项。

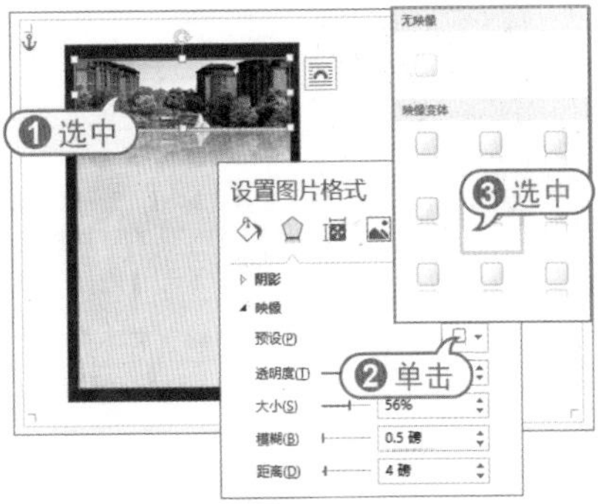

11 选择【插入】选项卡，在【插图】命令组中单击【图片】按钮，在文档中插入一个标志图片，并调整其位置。

12 选中文档中所有的对象，右击，在弹出的菜单中选择【组合】|【组合】命令，合并对象。按下Ctrl+D组合键复制组合后的对象，并调整对象的位置。

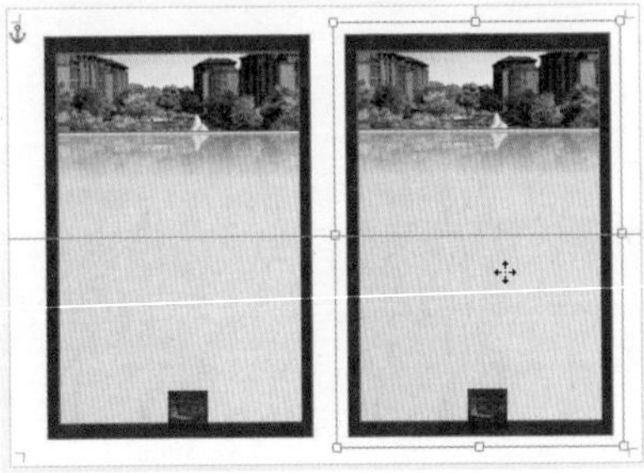

13 在【文本】组中单击【艺术字】下拉按钮，在展开的库中选择一种艺术字样式。在文档中插入一行艺术字，并在【开始】选项卡的【字体】命令组中设置【字体】为【华文中宋】，设置【字号】为【小一】。

14 重复步骤13的操作，在文档中插入其他艺术字，并设置艺术字的字体格式，完成后效果如下图所示。

15 选择【插入】选项卡，在【插图】命令组中单击【图片】按钮，打开【插入图

片】对话框。选择一张图片后，单击【插入】按钮。

16 在文档中插入一个图片，选择【格式】选项卡，在【排列】组中单击【位置】下拉按钮，在弹出的列表中选择【其他布局选项】选项。

17 打开【布局】对话框，选择【文字环绕】选项卡。选中【浮于文字上方】选项，然后单击【确定】按钮。

18 通过拖动，调整文档中插入图片的位置。然后拖动图片四周的控制点，调整图片的大小。

19 重复以上操作，在文档中插入更多的图片，效果如下图所示。

20 按住Ctrl键选中文档左侧插入的3张图片，选择【格式】选项卡，在【图片样式】命令组中选择【矩形投影】选项。

21 按下F12键，打开【另存为】对话框。在【文件名】文本框中输入"房地产宣传页"，然后单击【保存】按钮保存文档。

4.9 疑点解答

● 问：如何在Word 2013中设置组合多张图片？

答：在Word中，若要将多张图片组合在一起，可以在按住Shift键后，选中需要组合的多张图片。然后右击，在弹出的菜单中选择【组合】|【组合】命令。图片组合后，选择【格式】选项卡，在【图片样式】命令组中可以对组合的图片同时应用边框(需要注意的是，组合图片的环绕方式要选择非嵌入型)。

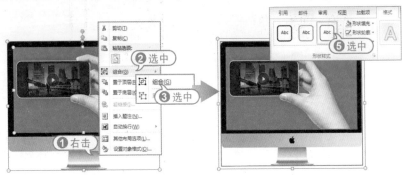

● 问：如何选中Word文档中【衬于文字下方】的图形？

答：用户有时会遇到文档中的一些特殊位置图形对象用鼠标无法直接选中的情况，如【衬于文字下方】的图形。此时，使用【选择图形对象】命令就比较方便。默认情况下，此命令不在功能区选项卡的命令组中，用户需要手动添加一下，方法如下。

01 单击【自定义快速访问工具栏】右侧的▼按钮，在弹出的菜单中选择【其他命令】命令。打开【Word选项】对话框，单击【从下列位置选择命令】按钮，在弹出的列表中选择【不在功能区中的命令】选项。

02 在对话框中左侧的列表中选择【选择图形对象】选项，单击【添加】按钮。将该选项添加至【自定义快速工具栏】列表中，然后单击【确定】按钮。

03 此时，Word软件左上角的快速访问工具栏中将添加【选择图像对象】按钮，单击该按钮后，再单击文档中的【衬于文字下方】的图片，即可将其选中。

第5章

Word高级应用

在Word文档中应用特定样式，插入表格、图形和图片，不仅可以使文档显得生动有趣，还能帮助用户更快理解内容。本章将介绍在Word 2013使用表格、样式、模板、主题，以及设置文档页面等高级应用。

对应光盘视频

例5-1 在Word中制作三线表　　　例5-7 设置文档动态页码
例5-2 使用模板制作书法字帖　　例5-8 在文档中添加脚注
例5-3 使用联机模板制作名片　　例5-9 在文档中添加尾注
例5-4 设置文档的背景颜色　　　例5-10 设置样式自动更新
例5-5 设置文档的水印效果　　　例5-11 设置保护自定义样式
例5-6 设置静态页眉和页脚

5.1 Word表格的创建与编辑

为了更形象地说明问题，常常需要在文档中制作各种各样的表格。Word 2013提供了强大的表格功能，可以帮助用户快速创建与编辑表格。

5.1.1 制作与绘制表格

表格由行和列组成，用户可以直接在Word文档中插入指定行列数的表格，也可以通过手动的方法绘制完整的表格或表格的部分。另外，如果需要对表格中的数据进行较复杂的运算，还可以引入Excel表格。

1 快速制作10X8表格

当用户需要在Word文档中插入列数和行数在10×8(10为列数，8为行数)范围内的表格时，如8×8，可以按下列步骤操作。

01 选择【插入】选项卡，单击【表格】命令组中的【表格】下列按钮，在弹出的菜单中拖动鼠标，让列表中的表格处于选中状态。

02 此时，列表上方将显示出相应的表格列数和行数，同时在Word文档中也将显示出相应的表格。

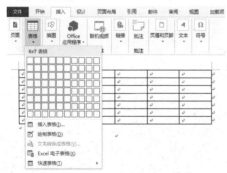

03 单击即可在文档中插入所需的表格。

2 制作超大表格

当用户需要在文档中插入的表格列数超过10行或行数超过8的表格时，如10×12

的表格，可以按下列步骤操作。

01 选择【插入】选项卡，单击【表格】命令组中的【表格】下拉按钮，在弹出的列表中选择【插入表格】选项。

02 打开【插入表格】对话框，在【列数】文本框中输入10，在【行数】文本框中输入12，然后单击【确定】按钮。

03 此时，将在文档中插入如下图所示的10×12的表格。

3 将文本转换为表格

在Word中，用户也可以参考下列操作，将输入的文本转换为表格。

01 选中文档中需要转换为表格的文本，选择【插入】选项卡。单击【表格】命令组中的【表格】按钮，在弹出的列表中选择【文本转换成表格】选项。

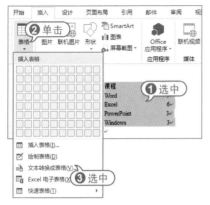

02 打开【将文字转换成表格】对话框，根据文本的特点设置合适的选项参数，单击【确定】按钮。

03 此时，将在文档中插入一个如下图所示的表格。

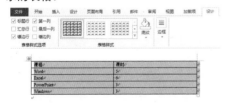

4 使用【键入时自动应用】插入表格

如果用户仅仅需要插入如1行2列这样简单的表格，可以在一个空白段落中输入"+---------+---------+"，再按下Enter键，Word将会自动将输入的文本更正为一个1行2列的表格。

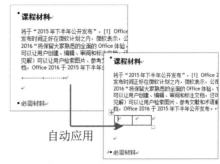

自动应用

如果用户按照上面介绍的方法不能得到表格，是因为用户使用Word表格的【自动套用格式】已经关闭。打开方法如下。

01 选择【文件】选项卡，在弹出的菜单中选择【选项】命令，打开【Word选项】对话框。选中【校对】选项卡，单击【自动更正选项】按钮。

02 打开【自动更正】对话框。选择【键入时自动套用格式】选项卡，选中【键入时自动应用】选项区域中的【表格】复选框，然后单击【确定】按钮。

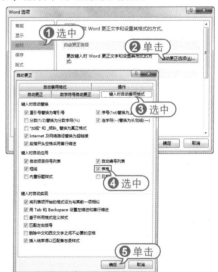

5 手动绘制特殊表格

对于一些特殊的表格，如带斜线表头的表格或行列结构复杂的表格，用户可以通过手动绘制的方法来创建。具体方法如下。

01 在文档中插入一个4×4的表格，选择【插入】选项卡。单击【表格】命令组中的【表格】按钮，在弹出的列表中选择【绘制表格】选项。

02 此时，鼠标指针将变成笔状，用户可以在表格中绘制边框。

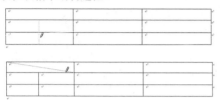

6 引入Excel表格

用户可以参考下面介绍的方法，在Word中使用Excel软件功能制作表格。

01 选择【插入】选项卡，在【表格】命令组中单击【表格】下拉按钮，在弹出的列表中选择【Excel电子表格】选项，即可在Word中插入一个Excel工作界面。

02 此时，用户可以使用Excel软件界面中的功能，在Word中创建表格。

7 制作嵌套表格

Word 2013允许用户在表格中加入新的表格，即嵌套表格。使用嵌套表格的好处主要在于新加入的表格可以作为一个独立的部件存储特殊的数据，并可以随时移动或者删除，而不会影响到被嵌套的表格。

制作嵌套表格的方法有以下两种。

🔹 先按常规方法制作一个表格，然后将鼠标光标定位在要加入新表格的单元格中，然后使用本节中所介绍的方法插入嵌套表格。

🔹 先按常规方法制作两个表格，然后将其中一个表格复制或移动到另一个表格的某一个单元格中。

5.1.2 编辑表格

在Word 2013中制作表格时，用户可以快速选取表格的全部，或者表格中的某些行、列、单元格，然后对其进行设置。同时还可以根据需要拆分、合并指定的单元格，编辑单元格的行宽、列高等参数。

1 快速选取行、列及整个表格

在编辑表格时，可以根据需要选取行、列及整个表格，然后对多个单元格进行设置。

在Word中选取整个表格的常用方法有以下几种。

🔹 使用鼠标拖动选择：当表格较小时，先选择表格中的一个单元格，然后拖动至表格的最后一个单元格即可。

🔹 单击表格控制柄选择：在表格任意位置单击，然后单击表格左上角显示的控制柄选取整个表格。

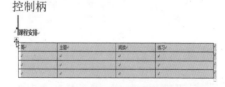

🔹 在Numlock键关闭的状态下，按下Alt+5组合键（5是小键盘上的5键）。

🔹 将光标定位于表格中，选择【布局】选项卡。在【表】命令组中单击【选择】

下拉按钮，在弹出的列表中选中【选择表格】选项。

将鼠标指针悬停在某个单元格左侧，当鼠标指针变为 ↗ 形状时单击，即可选中该单元格。

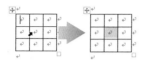

在Word表格中选取整行的常用方法有下列两种。

🌑 将鼠标指针放置在页面左侧(左页边距区)，当指针变为 ↗ 形状后单击。

🌑 将鼠标指针放置在一行的第一个单元格中，然后拖动至该列的最后一个单元格即可。

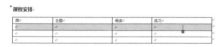

在Word表格中选取列的常用方法有下列两种。

🌑 将鼠标指针放置在表格最上方的表格上边框，当指针变为 ↓ 形状后单击。

🌑 将鼠标指针放置一列第一个单元格，然后拖动至该列的最后一个单元格即可。

如果用户需要同时选取连续的多行或者多列，可以在选中一列或一行时，拖动选中相邻的行或列；如果用户需要选取不连续的多行或多列，可以按住Ctrl键执行选取操作。

2 设置表格根据内容自动调整

在文档中编辑表格时，如果想要根据表格中输入内容的多少自动调整表格大小，让行高和列宽刚好容纳单元格中的字符，可以参考下列方法操作。

01 选取整个表格，右击，在弹出的菜单中选择【自动调整】|【根据内容自动调整表格】命令。

02 此时，表格将根据其中的内容自动调整大小。

3 精确设定列宽与行高

在文档中编辑表格时，对于某些单元格，可能需要精确设置它们的列宽和行高，相关的设置方法如下。

01 选择需要设置列宽与行高的表格区域，在【布局】选项卡的【单元格大小】命令组中的【高度】和【宽度】文本框中输入行高和列宽精度。

02 完成设置后表格行高和列宽效果将如下图所示。

4 固定表格的列宽

在文档中设置好表格的列宽后，为了避免列宽发生变化，影响文档版面的美观，可以通过设置固定表格列宽，使其一直保持不变。

01 右击需要设置的表格，在弹出的菜单中选择【自动调整】|【固定列宽】命令。

02 此时，在固定列宽的单元格中输入文本，单元格宽度不会发生变化。

5 单独改变表格单元格列宽

有时用户需要单独对某个或几个单元格列宽进行局部调整而不影响整个表格，操作方法如下。

01 将鼠标指针移动至目标单元格的左侧框线附近，当指针变为➡形状时单击选中单元格。

02 将鼠标指针移动至目标单元格右侧的框线上，当鼠标指针变为十字形状时，左右拖动即可。

6 拆分与合并单元格

Word直接插入的表格都是行列平均分布的。但在编辑表格时，经常需要根据录入的内容的总分关系，合并其中的某些相邻单元格，或者将一个单元格拆分成多个单元格。

在文档中编辑表格时，有时需要将几个相邻的单元格合并为一个单元格，以表达不同的总分关系。此时，可以参考下面介绍的方法合并表格中的单元格。

01 选中需要合并的多个单元格(连续)，右击，在弹出的菜单中选择【合并单元格】命令。

02 此时，被选中的单元格将合并，效果如下图所示。

在Word中编辑表格时，经常需要将某个单元格拆分成多个单元格，以分别输入各个分类的数据。此时，可以参考下面介绍的方法进行操作。

01 选取需要拆分的单元格，右击，在弹出的菜单中选择【拆分单元格】命令，打开【拆分单元格】对话框。

02 在【拆分单元格】对话框中设置具体的拆分行数和列数后，单击【确定】按

钮，即可将选取的单元格拆分。

7 快速平均列宽与行高

在文档中编辑表格时，处于美观考虑，在单元格大小足够输入字符的情况下，可以平均表格各行的高度，让所有行的高度一致。或者平均表格各类的宽度，让所有列的宽度一致。

01 选取需要设置的表格，右击，在弹出的菜单中选择【平均分布各行】命令。

02 再次右击，在弹出的菜单中选择【平均分布各列】命令。

03 此时，表格中各行、列的宽度和高度将被平均分布。

8 在表格中增加与删除行或列

在Word中，要在表格中增加一行空行，可以使用以下几种方法。

👉 将鼠标指针移动至表格右侧边缘，当显示【+】符号后，单击该符号。

👉 将鼠标指针插入表格中的任意单元格中，右击，在弹出的菜单中选择【在上方插入行】或【在下方插入行】命令。

👉 选择【布局】选项卡，在【行和列】命令组中单击【在上方插入】按钮或【在下方插入】按钮。

要在表格中增加一列空列，可以参考以下几种方法。

👉 将鼠标指针移动至表格上方两列框线之间，当显示【+】符号后，单击该符号。

👉 将鼠标指针插入表格中的任意单元格中，右击，在弹出的菜单中选择【在左侧插入列】或【在右侧插入列】命令。

👉 选择【布局】选项卡，在【行和列】命令组中单击【在左侧插入】按钮或【在右侧插入】按钮区。

若用户需要删除表格中的行或列，可以参考下列几种方法。

👉 将鼠标指针插入表格单元格中，右击，在弹出的菜单中选择【删除单元格】命令，打开【删除单元格】对话框。选择【删除整行】命令，可以删除所选单元格所在的行，选择【删除整列】命令，可以删除所选单元格所在的列。

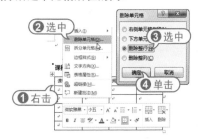

👉 将鼠标指针插入表格单元格中，选择【布局】选项卡，在【行和列】命令组中单击【删除】下拉按钮，在弹出的列表中选择【删除行】或【删除列】选项。

9 设置跨页表格自动重复标题行

对于包含有较多行的表格，可能会跨页显示在文档的多个页面上。而在默认情况下，表格的标题并不会在每页的表格上面都自动显示，这就为表格的编辑和阅读带来了一定阻碍，让用户难以辨认每一页表格中各列存储内容的性质。为了避免这种情况，对于跨页显示的表格，在编辑时可以通过以下设置，让表格在每一页自动重复标题行。

01 将光标定位在表格第1行中的任意单元格中，右击，在弹出的菜单中选择【表格属性】命令，打开【表格属性】对话框。

02 在【表格属性】对话框中选择【行】选项卡，选中【在各页顶端以标题形式重复出现】复选框，然后单击【确定】按钮。

03 此时，当表格行列超过一页文档将在下一页中自动添加表格标题。

10 设置上下、左右拆分表格

如果要上下拆分表格，可以使用以下3种方法。

将光标放在需要成为第二个表格首行的行内，选择【布局】选项卡，在【合并】命令组中单击【拆分表格】按钮。

将光标放置在需要成为二个表格首行的行内，按下Ctrl+Shift+Enter组合键即可。

选中要成为第二个表格的所有行，按下Ctrl+V组合键剪切，然后按下Enter键在第一个表格后增加一空白段落，再按下Ctrl+V组合键粘贴。

如果要左右拆分表格，可以按下列步骤操作。

01 在文档中插入一个至少有2列的表格，并在其下方输入两个回车符。

02 选中要拆分表格的右半部分表格，将其拖动至步骤1输入的两个回车符前面。

03 选中并右击未被移动的表格，在弹出的菜单中选择【表格属性】命令，打开【表格属性】对话框。选中【环绕】选项，然后单击【确定】按钮。

04 将生成的第2个表格拖动到第1个表格的右边，这时第2个表格会自动改变为环绕类型。

11 整体缩放表格

要想一个表格在放大或者缩小时保持纵横比例，可以按住Shift键不放，然后拖动表格右下角的控制柄拖动即可。如果同时按住Shift+Alt组合键拖动表格右下角的控制柄，则可以实现表格锁定纵横比例的精细缩放。

12 删除表格

删除文档中表格的方法并不是使用Delete键，选中表格后按下Delete键只会清除表格中的内容，正确的删除表格方法有以下几种。

- 选中表格，按下BackSpace键。
- 选中表格，按下Shift+Delete组合键。
- 选择【布局】选项卡，在【行和列】命令组中单击【删除】按钮，在弹出的菜单中选择【删除表格】命令。

5.1.3 美化表格

创建好表格的基本框架和录入内容后，还可以根据需要对表格进行美化，如调整表格中字符的对齐方式、设置表格样式、添加底纹和边框等。

1 调整表格内容对齐方式

Word 2013提供多种表格内容对齐方式，可以让文字居中对齐、右对齐或两端对齐等。而居中对齐可以分为靠上居中、水平居中和靠下居中；靠右对齐可以分为靠上对齐、中部右对齐和靠下右对齐；两端对齐可以分为靠上两端对齐、中部两端

对齐和靠下两端对齐。

设置表格内文字对齐方式的具体操作如下。

01 选中整个表格，选择【布局】选项卡，在【对齐方式】命令组中单击【水平居中】按钮。

02 此时，表格中文本的对齐方式将如下图所示。

2 调整表格中的文字方向

默认情况下，表格中的文字方向为横向分布。但对于某些特殊的需要，要让文字方向变为纵向分布，可按下列步骤操作。

01 选择要调整文字方向的单元格，在【布局】选项卡的【对齐方式】命令组中单击【文字方向】按钮。

02 此时，表格中的文字方向将改为纵向分布，效果如下。

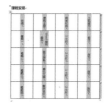

3 通过样式美化表格

在文档中插入表格后，默认的表格样式

比较平庸。如果对文档的版式美观有较高的要求，用户可根据需要调整表格的样式。

将光标定位到要套用样式的表格中，选择【设计】选项卡，在【表格样式】命令组的内置表格样式库中选择一种样式，即可为表格套用样式。

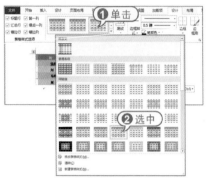

如果Word内置的表格样式不能完全满足用户需要，还可以修改已有的内置表格样式。具体操作步骤如下。

01 选择【设计】选项卡，在【表格样式】命令组中单击【其他】按钮，在展开的库中选择【修改表格样式】选项。

02 打开【修改样式】对话框，根据需要修改样式的各项参数，然后单击【确定】按钮，即可调整Word内置的表格样式。

在Word中，用户也可以为表格创建新的样式。具体方法如下。

01 选择【设计】选项卡，在【表格样式】命令组中单击【其他】按钮，在展开的库中选择【新建表格样式】选项。

02 打开【根据格式设置创建新样式】对话框，在【名称】文本框中输入新的表格样式名称，在【样式基准】下拉列表中选择一种内置表格样式，其他设置操作与【修改样式】对话框一样。

03 单击【确定】按钮后，再次单击【表格样式】命令组中的【其他】按钮，在展开的库中将显示创建的样式。

4　手动设置表格边框和底纹

除了可以套用Word 2013自带的样式美化表格以外，用户还可以自定义表格的边框和底纹，让表格风格与整个文档的风格一致。

01 选中表格后，在【设计】选项卡的【表格样式】命令组中单击【底纹】下拉按钮，在弹出的菜单中选择一种颜色即可为表格设置简单的底纹颜色。

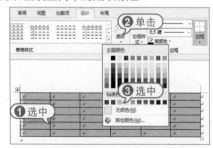

02 选中表格后,在【设计】选项卡的【边框】命令组中单击【边框】下拉按钮,在弹出的列表中选择【边框和底纹】选项。

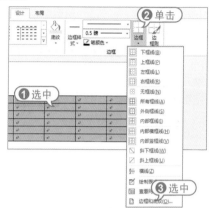

03 打开【边框和底纹】对话框。在【边框】选项卡的【设置】列表中先选择一种边框设置方式,再在【样式】列表中选择表格边框的线条样式;然后在【颜色】下拉列表框中选择边框的颜色,最后在【宽度】下拉列表中选择【边框】的宽度大小。

04 选择【底纹】选项卡,在【填充】下拉列表中选择底纹的颜色。如果需要填充图案,可以在【样式】下拉列表中选择图案的样式,在【颜色】下拉列表中选择图案颜色,然后单击【确定】按钮。

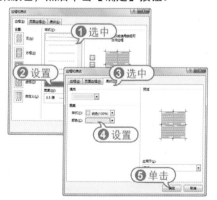

05 设置以上表格边框和底纹后,表格效果如下图所示。

【例5-1】在Word文档中制作一个三线表。
🎬 视频▶

01 在文档中插入一个如下图所示5行2列的表格。

02 选中创建的表格,在【设计】选项卡的【表格样式】命令组中单击【其他】按钮,在展开的库中选择【新建表格样式】选项。

03 打开【根据格式设置创建新样式】对话框。在【名称】文本框中输入"三线表",在【样式基准】下拉列表中选择【古典型1】,在【将格式应用于】下拉列表中选择【汇总行】选项,在【框线样式】下拉列表中选择【上框线】。选择【仅限此文档】单选按钮,然后单击【确定】按钮即可。

04 选中表格,在【设计】选项卡的【表格样式】命令组中单击【其他】按钮,在展开的库中选择创建的【三线表】样式。

05 此时，文档中的表格将应用如下图所示的三线表样式。

5.1.4 表格数据的计算与排序

对于表格中的数据，常常需要对它们进行计算与排序。如果是简单的求和、取平均值、最大值和最小值等计算，可以直接使用Word 2013提供的计算公式来完成。本节将重点介绍在Word中计算和排序表格数据的方法和技巧。

在Word表格中使用公式和函数计算数据时，大多需要引用单元格名称。表格中单元格的命名和Excel单元格的命名方式相同，都是由单元格所在的行和列的序号组合而成(列号在前，行号在后)。其中列号用字母顺序a、b、c、d、……表示(大小写都可以)，行号则用阿拉伯数字1、2、3、4、……表示。例如，第1列中第1行(即表格左上角的单元格)的单元格命名为A1，如下图所示。

A1	B1	C1	D1	E1	F1
A2	B2	C2	D2	E2	F2
A3	B3	C3	D3	E3	F3
A4	B4	C4	D4	E4	F4
A5	B5	C5	D5	E5	F5
A6	B6	C6	D6	E6	F6

利用单元格名称除了指定单个单元格外，还可以用于表示表格区域，用冒号【：】将表格区域中首个单元格的名称和最后一个单元格的名称连起来即可(分号必须使用半角输入)。例如，同一列中C2、C3、C4三个单元格组成的区域，用C2:C3表示；同一行中B2、C2、D2、E2四个单元格组成的区域，用B2:E2表示；相邻的几个单元格，如D2、E2、F2、D3、E3、F3、F4、E4和F4组成的区域，用D2:F4表示。

在计算某个单元格上方所有单元格的数据时，除了引用单元格名称以外，用户还可以用above、below、right、left来表示。其中，above表示同一列中当前单元格上面的所有单元格；below表示同一列中当前单元格下面的所有单元格；right表示同一行中当前单元格右边的所有单元格；left表示同一行中当前单元格左边的所有单元格。例如，计算C1、C2、C3、C4四个单元格内的数据之和，计算机结构保存在C5单元格中，在引用计算目标时，可以用C1:C4表示。也可以直接用above表示。

计算Word表格中的数据时，公式的输入方式和Excel相同，可以用"=函数名称(数据引用范围)"表示(方括号不算)；也可以在【=】后面直接加数学公式。例如，计算B3、C3、D3、E3这四个单元格的平均值，结果保存在单元格F3中，可以用公式"=AVERAGE(B3:E3)"来实现，也可以公式"=B3+C3+D3+E3"来实现。

1 Word表格数据求和

计算Word表格中若干单元格内的数据之和，可以用函数SUM来实现。例如，要在下图所示的表格中计算销售总量，可以按下列方法操作。

生产商	数量	销售总量
北京:诺华制药有限公司	300	
上海:罗氏制药有限公司	200	
北京:万辉双鹤药业有限责任公司	300	
浙江:大家制药有限公司	100	
江苏:恒瑞医药股份有限公司	10	

01 将鼠标指针定位在C2单元格中，选择【布局】选项卡，在【数据】命令组中单击【公式】按钮。

02 打开【公式】对话框，在【公式】文

本框中输入等号【=】，在【粘贴函数】下拉列表中选择SUM选项，在【公式】文本框中将出现函数SUM()，在括号中输入计算对象的单元格区域B2:B6，在【编号格式】下列列表中选择计算结果的格式(本例选择0)，然后单击【确定】按钮。

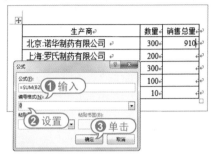

2 Word表格数据求平均值

计算Word表格中若干单元格内数据的平均值，可以使用函数AVERAGE来实现。例如，在下图中计算平均盈利，可以按下列步骤操作。

01 将鼠标指针定位在E2单元格中，选择【布局】选项卡，在【数据】命令组中单击【公式】按钮。

02 打开【公式】对话框，将【公式】设置为"=AVERAGE(LEFT)"，将【编号格式】设置为0，然后单击【确定】按钮。

3 Word表格数据求最大值、最小值

要快速找到Word表格中指定单元格区

域的最大值或最小值，可以使用函数MAX或MIN来完成。

下图所示为在表格中求最大值。

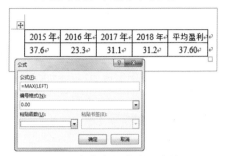

下图所示为在表格中求最小值。

4 计算结果不同显示不同的内容

Word表格的计算公式也可以实现类似Excel单元格条件格式的效果，即条件不同，自动产生不同类型的结果。

假设要对下图表格中的每人收支情况作出判断。

姓　　名	支　　出	收　　入	本月结论
徐海金	-550	580	
刘　铮	-600	1200	
马琳和	-800	800	
周　强	-400	600	

💡 如果"支出"＞"收入"，表格"本月结论"列相应处显示"超支"，并且单元格内的字体为红色。

💡 如果"支出"＜"收入"，表格"本月结论"列显示"正常"，且单元格内的字体为绿色。

如果"支出"="收入",表格"本月结论"列显示"无结余",并且单元格内的字体为蓝色。

具体操作步骤如下。

01 将鼠标光标定位到"徐海金"的"本月结余"单元格中,然后选择【布局】选项卡。单击【数据】命令组中的【公式】按钮,打开【公式】对话框,在【公式】文本框中输入如下公式。

=SUM(LEFT)

在【编号格式】文本框中输入"正常;超支;无结余",单击【确定】按钮。

02 按下Alt+F9组合键,将公式切换成代码形式,将正常字体设置为【绿色】,将"超支"字体设置为【红色】,将"无结余"字体设置为【蓝色】。

03 选中当前域,按下Ctrl+C组合键复制,然后按下Ctrl+V组合键粘贴到"本月结论"的其他空单元格中,最后按下Alt+F9组合键将域代码状态切换回结果显示。

04 最后全选表格,按下F9键刷新,表格最终效果如下图所示。

姓　名	支　出	收　入	本月结论
徐海金	-550	580	正常
刘　静	-600	1200	正常
马伸和	-800	800	无结余
周　强	-400	100	超支

5　Word表格的排序

Word 2013提供表格排序功能。该功能对表格中指定单元格区域按照字母顺序或者数字大小排序。例如,在表格中,按"支出"从高到低排序。操作步骤如下。

01 选中要排序的单元格区域后,选择

【布局】选项卡,在【数据】命令组中单击【排序】按钮。

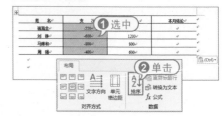

02 打开【排序】对话框,选中【主要关键字】选项区域中的【降序】单选按钮,然后单击【确定】按钮即可。

对Word表格进行排序,有可能使用一个关键字时会出现几个单元格处于并列的地位。此时,可以设置次要关键字、第三关键字,对于处于并列地位的单元格再次排序。

5.1.5　转换Word表格

对于Word文档中的表格,可以将它们转换成井然有序的文本,以便于引用到其他文本编辑器。另外,对于行列分布有规律的Word表格,还可以将其转换为Excel表格。

1　表格转换为文本

有时需要将包含表格文本的内容复制到其他文本编辑器中,但该编辑器又不支持表格功能。为了避免复制后表格中的数据出现错误,可以先在Word中将表格转换为文本,然后再进行复制操作。具体方法如下。

01 选中需要转换的表格，选择【布局】选项卡，在【数据】命令组中单击【转换为文本】按钮。

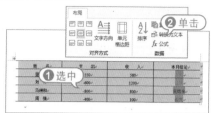

02 打开【表格转换为文本】对话框，选择一种文字分隔符(如【制表符】)，然后单击【确定】按钮即可。

2 Word表格转换为Excel表格

如果用户需要将Word中的表格转换为Excel表格，可以参考下列步骤操作。

01 选中文档中的表格，右击，在弹出的菜单中选择【复制】命令，或者按下Ctrl+C组合键复制表格。

02 打开Excel工作簿，在目标单元格中右击，在弹出的菜单中选择【选择性粘贴】命令。

03 打开【选择性粘贴】对话框，在【方式】列表框中选择【Unicode文本】选项，然后单击【确定】按钮。

04 此时，即可将Word中的表格转换为Excel表格。

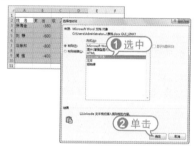

5.2 使用文档样式

编辑大量同类型的文档时，为了提高工作效率，有经验的用户都会制作一份模板，在模板中事先设置好各种文本的样式。以模板为基础创建文档，在编辑时，就可以直接套用预设的样式，而无须逐一设置。

在Word中，样式是指一组已经命名的字符或段落格式。Word自带有一些书刊的标准样式，如正文、标题、副标题、强调、要点等，每一种样式所对应的文本段落的字体、段落格式等都有所不同。

5.2.1 自定义文档样式

尽管Word提供了一整套的默认样式，但编辑文档时可能依然会觉得不太够用。遇到这样的情况时，用户可以参考以下操作，自行创建样式以满足实际需求。

01 打开文档后选中一段文本，在显示的工具栏中单击【样式】下拉按钮，在弹出的菜单中选择【创建样式】命令。

02 打开【根据格式设置创建新样式】对话框。在【名称】文本框中输入当前样式的名称，单击【修改】按钮，在打开的对话框中设置自定义样式的参数。

03 最后，单击【确定】按钮即可创建一个自定义样式。

5.2.2 套用Word内建样式

编辑文档时，如果之前设置过各类型文本的格式，并为之创建了对应的样式，用户可以参考下列步骤，快速将样式对应的格式套用到当前所编辑的段落。

01 在【开始】选项卡的【样式】命令组中单击 按钮，显示【样式】窗格。

02 选中文档中需要套用样式的文本，在【样式】窗格中单击样式名称(如"自定义样式")，即可将样式应用在文本上。

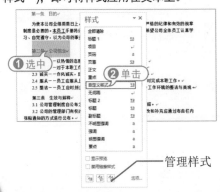

管理样式

5.2.3 快速传递文档/模板样式

当用户打开一个文档后，如果需要提取该文档中的一个或多个样式到另一个文档中，可以按下列步骤操作。

01 选择【开始】选项卡，单击【样式】命令组中的 按钮，打开【样式】窗格。单击该窗格下方的【管理样式】按钮 。

02 打开【管理样式】对话框，单击【导入/导出】按钮，打开【管理器】对话框。在【样式的有效范围】列表框中设置需要提取样式的文档和目标文档。选中一个或多个样式后，单击【复制】按钮，最后单击【关闭】按钮即可。

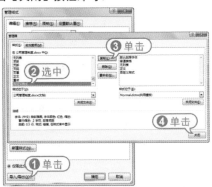

5.2.4 设置更新样式

如果在制作文档时遇到这种情形："样式1"有N处文本(或此样式再附加了一些格式)，想快速变成另外一处"样式2"文本(或此样式还附加了一些格式)的样子，在不必细究这两种样式到底是由哪些格式组成的情况下，只需按下面介绍的方法即可实现快速设定。

01 将光标定位在"样式2"处，此时【样式】窗格中自动选中的样式为"样式2"。

02 在【样式】窗格中找到"样式1"，鼠标移至"样式1"上，单击其边上的三角按钮，在弹出的菜单中选择【更新 样式1】即可匹配所选内容。

5.3 使用文档模板

对于经常编辑类似风格文档的用户而言，使用模板是一种非常好的选择。它能有效地提高办公效率。Word 2013虽然提供了模板搜索功能，但这些模板未必符合实际需要，用户可以自行创建并修改模板。

用户在新建一个Word文档时都是源自"模板"。Word 2013内置了很多自带的模板，用户可以在使用时加以选用。

文档都是在以模板为样板的基础上衍生的。模板的结构特征直接决定了基于它的文档的基本结构和属性，如字体、段落、样式、页面设置等。如果编辑一个文档后，在【另存为】对话框中单击【文件类型】下拉按钮，将其另存为dotx格式或者dotm格式，那么标准模板就生成了。

5.3.1 修改文档模板

用户可以制作若干个自定义的模板以备用，但如果希望对默认的新建文档有所要求，如在文档页眉中都将包含的单位名称作为抬头，那么就需要对Normal.dotm模板进行修改。

在资源管理器中，如果双击模板文件(如Normal.dotm)，就会生成一个基于此模板的新文档。例如，在模板上右击，在弹出的菜单中选择【打开】命令，则打开的是模板文件。打开后就可以进行如同一般文档一样的修改和保存等操作。

5.3.2 找到Normal.dotm模板

在Word中，要找到Normal.dotm(模板文件)文件，可以按下列步骤操作。

01 选择【插入】选项卡，在【文本】命令组中单击【文档部件】下拉按钮，在弹出的菜单中选择【域】命令，打开【域】对话框。

02 在【域名】列表框中选中Template选项，然后选中【添加路径到文件名】复选框，并单击【确定】按钮。

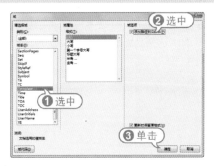

03 单击【确定】按钮，即可在文档中生成Normal.dotm文件的路径。选中该路径中的如下文件夹部分。

C:\Users\Administrator\AppData\Roaming\Microsoft\Templates

右击，在弹出的菜单中选择【复制】命令，复制该路径。

04 按下Win+E组合键打开资源管理器。将复制的文件夹路径粘贴到地址栏，按下Enter键即可在窗口中快速找到Normal.dotm文件。

如果Word 2013不能启动或启动后生产的文档出现异常等情况，用户可以通过删除Normal.dotm文件解决问题。删除Normal.dotm文件后，重新启动Word 2013软件，这时软件将自动生成一个全新的Normal.dotm模板。

5.3.3 加密文档模板

在一些对文档安全性较高的场合，用户可能需要每个新建的文档都带有密码(如打开密码）。要给每次新建的文档加上密码比较繁琐。如果在Word模板中设置密码，则只要是基于这个模板的新模板都具有和模板一样的密码，非常方便。下面以设置添加打开文档密码为例，介绍为模板设置密码的步骤。

01 在Normal.dotm文件上右击，在弹出的菜单中选择【打开】命令，使模板处于编辑状态。

02 选择【文件】选项卡，在弹出的菜单中选择【信息】命令，在显示的选项区域中单击【保护文档】下拉按钮，在弹出的下拉列表中选择【用密码进行加密】选项。

03 打开【加密文档】对话框，在【密码】文本框中输入密码后单击【确定】按钮。

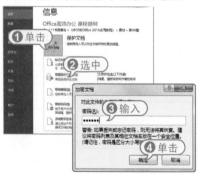

04 在打开的对话框中再次输入密码，然后单击【确定】按钮即可。

【例5-2】在Word 2013中使用模板快速制作书法字帖。 视频

01 选择【文件】选项卡，在弹出的菜单中选择【新建】命令，在显示的选项区域中双击【书法字帖】选项。

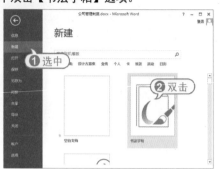

02 打开【增减字符】对话框。选择需要的字体等选项，在【可用字符】列表框中单击选中某个字符或用鼠标批量拖动多个字符。然后单击【添加】按钮，将选取的字符添加到【已用字符】列表中。单击【关闭】按钮。

【例5-3】在Word 2013中使用联机模板制作名片。 视频

01 选择【文件】选项卡，在弹出的菜单中选择【新建】命令，在显示的文本框中输入"日历"后按下Enter键。在显示的列表中单击一个【日历】图标，在打开的对话框中单击【创建】按钮。

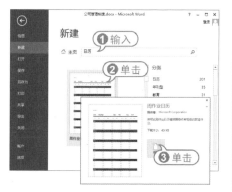

下图所示。完成后按下F12键，打开【另存为】对话框，将文档保存。

02 此时，将创建模板预设的日历文档。在该文档中添加一些用户自己的标记，如

5.4 使用文档主题

通过应用文档主题效果，用户可以快速而轻松地设置整个文档的格式，赋予它专业和美观的外观。文档主题是一组格式选项，包括一组主题颜色、一组主题字体等。

下面将介绍为文档应用主题的具体操作方法。

01 选择【设计】选项卡，在【文档格式】命令组中单击【主题】下拉按钮，在展开的库中选择一种主题选项(如"丝状")。

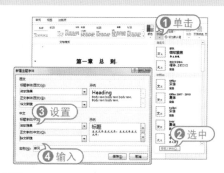

02 此时，可以看到文档中的内容已经应用了所选的主题效果。在【文档格式】命令组中单击【字体】按钮，在展开的库中可以选择主题字体效果。

03 在单击【字体】按钮展开的库中选择【自定义字体】选项，打开【新建主题字体】对话框。在其中可以新建主题字体。在此设置标题字体为【微软雅黑】，设置正文字体为【华文新魏】。在【名称】文本框中输入"新风"，然后单击【保存】按钮。

04 单击【文档格式】命令组中的【字体】按钮，在展开的库中选择【新风】选项。

05 在【文档格式】命令组中选择一种样式集。文档效果如下图所示。

使用同样的方法，用户可以自定义主题颜色：在【文档格式】命令组中单击【颜色】下拉按钮，在展开的库中选择【新建主题颜色】选项；然后在打开的【新建主题颜色】对话框中，可以对主题颜色进行相应的设置。

5.5 设置文档背景

为了使文档更加美观，用户可以为文档设置背景。文档的背景包括页面颜色和水印效果。为文档设置页面颜色时，可以使用纯色背景，以及渐变、纹理、图案、图片等填充效果；为文档添加水印效果时可以使用文字或图片。

5.5.1 设置文档页面颜色

为Word文档设置页面颜色，可以使文档变得更加美观。

【例5-4】在Word 2013中设置文档的背景颜色。 视频

01 打开文档，选择【设计】选项卡。在【页面背景】命令组中单击【页面颜色】下拉按钮，在展开的库中选择一种颜色。

02 此时，文档页面将应用所选择的颜色作为背景进行填充。

03 再次单击【页面颜色】下拉按钮，在展开的库中选择【填充效果】选项，打开【填充效果】对话框。

04 选择【渐变】选项卡，选中【双色】单选按钮，设置【颜色1】和【颜色2】的颜色。在【变形】选项区域中选择变形的样式。

05 单击【确定】按钮后，即可为页面应用设置渐变效果。

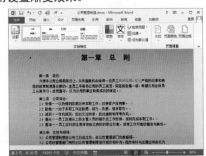

在【渐变填充】对话框中，如果需要设置纹理填充效果，可以选择【纹理】选项卡，选择需要的纹理效果。设置图案、

图片填充效果的方法与此类似，分别选择相应的选项卡进行设置即可。

5.5.2 设置文档水印效果

水印是出现在文本下方的文字或图片。如果用户使用图片水印，可以对其进行淡化或冲蚀设置以免图片影响文档中文本的显示。如果用户使用文本水印，则可以从内置短语中选择需要的文字，也可以输入所需的文本。

【例5-5】在Word 2013中为文档设置图片和文本水印效果。 ◇视频 ,

01 选择【设计】选项卡，在【页面背景】命令组中单击【水印】下拉按钮，在展开的库中选择【自定义水印】选项。

02 打开【水印】对话框，选择【图片水印】单选按钮，单击【选择图片】按钮。

03 打开【插入图片】对话框，单击【来自文件】选项后的【浏览】按钮。

04 打开【插入图片】对话框，选择一个图片文件后，单击【插入】按钮。

05 返回【水印】对话框，选中【冲蚀】复选框。然后单击【确定】按钮，即可为文档设置如下图所示的水印效果。

06 在【水印】文本框中选择【文字水印】单选按钮，单击【文字】下拉按钮，在弹出的列表中选择【传阅】选项，取消【半透明】复选框的选中状态。

07 单击【确定】按钮，即可在文档中应用文字水印效果。

5.6 设置页眉和页脚

在制作文档时，经常需要为文档添加页眉和页脚内容，页眉和页脚显示在文档中每个页面的顶部和底部区域。可以在页眉和页脚中插入文本或图形，也可以显示相应的页码、文档标题或文件名等内容，在打印时会显示出来。

5.6.1 设置静态页眉和页脚

为文档插入静态的页眉和页脚时，插入的页码内容不会随页数的变化而自动改变。因此，静态页眉与页脚常用于设置一些固定不变的信息内容。

【例5-6】在Word文档中设置静态页眉和页脚。

视频+素材 (光盘素材\第05章\例5-6)

01 选择【插入】选项卡，在【页眉和页脚】命令组中单击【页眉】下拉按钮，在展开的库中选择【空白】选项。

02 进入页眉编辑状态，在页面顶部输入页面文本。

03 选中步骤2输入的文本，右击，在弹出的菜单中选择【字体】命令，打开【字体】对话框。设置【中文字体】为【华文

楷体】，在【字形】列表框中选择【加粗】选项，在【字号】列表框中选择【小三】选项。

04 单击【字体颜色】下拉按钮，在展开的库中选择一种字体颜色，然后单击【确定】按钮。

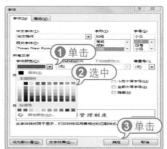

05 此时，可以看到输入的页眉文本效果如下图所示。

06 按下键盘上的向下方向键，切换至页脚区域中，输入需要的页脚内容。

07 向下拖动Word文档窗口的垂直滚动条，可以查看其他页面中的页脚。此时，将会发现静态页脚不会随着页数的变化而变化。

5.6.2 设置动态页码

在制作页脚内容时，如果用户需要显示相应的页码，用户可以运用动态页码来添加自动编号的页码。具体操作步骤如下。

【例5-7】在文档中设置动态页眉。
视频+素材 (光盘素材\第05章\例5-7)

01 在【插入】选项卡的【页眉和页脚】命令组中单击【页脚】下拉按钮，在展开的库中选择【空白】选项。

02 进入页脚编辑状态，在【设计】选项卡的【页眉和页脚】命令组中单击【页码】下拉按钮，在弹出的菜单中选择【页面底端】|【普通数字2】选项。

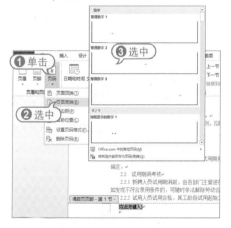

03 此时可以看到页脚区域显示了页码，并应用了【普通数字2】样式。

04 在【页眉和页脚】组中单击【页码】下拉按钮，在弹出的列表中选择【设置页码格式】选项，打开【页码格式】对话框。

05 单击【编号格式】下拉按钮，在弹出的列表中选择需要的格式。

06 单击【确定】按钮后，页面中页脚的效果如下图所示。

页脚效果

07 将鼠标指针放置在页脚文本中，可以对页脚内容进行编辑。

08 完成以上设置后，向下拖动窗口滚动条，可以看到每页的页码均不同，随着页数的改变自动发生变化。

5.7 添加脚注和尾注

脚注和尾注用于对文档中的文本进行解释、批注或提供相关的参考资料。脚注常用于对文档内容进行注释说明，尾注则常用于说明引用的文献。不同之处在于其所处的位置不同。脚注位于页面的结尾处，而尾注位于文档的结尾处或章节的结尾处。

5.7.1 添加脚注

当需要对文档中的内容进行注释说明时，用户可以在相应的位置处添加脚注。

【例5-8】在文档中添加脚注。
🎬 视频+素材 (光盘素材\第05章\例5-8)

01 将鼠标指针插入文档中需要插入脚注的位置，选择【引用】选项卡，在【脚注】命令组中单击【插入脚注】按钮。

02 此时，光标的插入点将自动定位至当前文档页的底端，并显示默认的脚注符号。

03 直接输入脚注内容"详细请参见公司管理制度细则"。

04 此时，可以看到在插入脚注的位置处显示了与脚注内容前相同的符号。将鼠标指针指向该符号时，自动在边缘显示如图5-51所示的脚注内容。

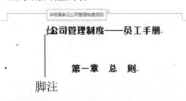

脚注

05 继续插入脚注。在"第二条 录用条件"文本后插入脚注，输入脚注内容为"参见公司员工手册第十二条"。

06 将插入点定位在第2条脚注的位置处，在【引用】选项卡的【脚注】命令组中单击【下一条脚注】下拉按钮，在弹出的菜单中选择【上一条脚注】命令。

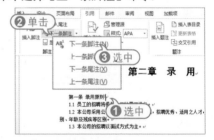

07 此时，鼠标插入点将立即跳转到第1条脚注的位置。

5.7.2 添加尾注

当需要说明文档中引用文献或者对关键字词进行说明时，用户可以在文档相应的位置处添加尾注。

【例5-9】在文档中添加尾注。
🎬 视频+素材 (光盘素材\第05章\例5-9)

01 选择文档中的文本"试用期"，在【引用】选项卡的【脚注】命令组中单击【插入尾注】按钮。

02 此时，插入点自动移动到文档的末尾位置处，并显示了默认的尾注符号。

03 当鼠标插入点在尾注区域中闪烁时，直接输入需要的内容即可为文档添加尾注。

04 将光标指向尾注符号，即可看到显示的尾注内容。

5.8 进阶实战

本章的进阶实战部分将通过实例操作，介绍在Word 2013中高效处理文档的一些方法和技巧，帮助用户进一步巩固所学的知识。

5.8.1 设置样式自动更新

【例5-10】用户在修改文档时，如果发现改动一处文本格式，其他位置的格式也发生了变化或"格式丢失"，此时可以参考下列步骤解决问题。

视频+素材 (光盘素材\第05章\例5-10)

01 选择【开始】选项卡在【样式】组中单击【样式】按钮，打开【样式】窗格。

02 在【样式】窗格中右击【标题1】选项，在弹出的菜单中选择【修改】命令。

03 打开【修改样式】对话框，取消【自

动更新】复选框的选中状态，单击【确定】按钮即可。

5.8.2 设置保护自定义样式

【例5-11】有时发送一篇文档给其他用户修改后，反馈回来的文档会出现一些其他样式，将原有样式弄得有些混乱。如果希望他人只修改文字内容而不能改动文档中的自定义样式，可设置Word保护自定义样式。

视频+素材 (光盘素材\第05章\例5-11)

01 选择【开始】选项卡，在【样式】命令组中单击【样式】按钮，打开【样式】窗格。

管理样式

02 单击【管理样式】按钮，打开【管理样式】对话框。选择【限制】选项卡，选中一个或多个样式。选中【仅限对允许的样式进行格式设置】复选框，单击【限制】按钮，在选中的样式前添加标志。

03 打开【启动强制保护】对话框，输入

保护密码(也可以不设置)，然后单击【确定】按钮即可。

5.9 疑点解答

● 问：如何在Word中使用稿纸向导生成各类稿纸？

答：Word 2013的稿纸功能可以帮助用户快速方便地生成各类稿纸，省去用户重新设计此类文稿的麻烦。具体方法如下。

01 选择【页面布局】选项卡，在【稿纸】命令组中单击【稿纸设置】按钮，打开【稿纸设置】对话框。单击【格式】下拉按钮，在弹出的下拉列表中选择一个选项，如选择【方格式稿纸】选项。

02 单击【确定】按钮后，文档的效果如下图所示。

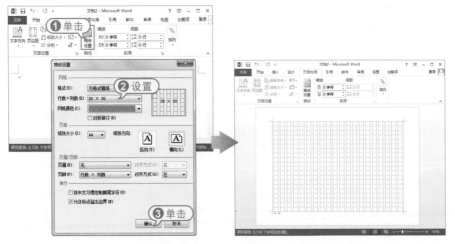

第6章

Excel报表制作

Excel 2013是一款功能强大的电子表格制作软件，该软件不仅具有强大的数据组织、计算、分析和统计的功能，还可以通过图表、图形等多种形式显示数据的处理结果，帮助用户轻松地制作各类电子表格，并进一步实现数据的管理与分析。

对应光盘视频

例6-1 使用自动填充输入数据
例6-2 将数值设置为人民币格式
例6-3 将文本数据转换为数值
例6-4 自定义单元格数字格式

例6-5 转换单元格中的数字格式
例6-6 以万为单位显示数据
例6-7 制作财务支出统计表
例6-8 制作员工信息登记表

6.1 Excel数据的类型

在工作表中输入和编辑数据是用户使用Excel时最基础的操作之一。工作表中的数据都保存在单元格内，在单元格内可以输入和保存数据包括数值、日期、文本和公式这4种基本类型。除此以外，还有逻辑型、错误值等一些特殊的数值类型。

数值：数值指的是所代表数量的数字形式，如企业的销售额、利润等。数值可以是正数，也可以使负数，但是都可以用于进行数值计算，如加、减、求和、求平均值等。除了普通的数字以外，还有一些待用特殊符号的数字也被Excel理解为数值，如百分号（%）、货币符号（¥），千分间隔符（,），以及科学计数符号（E）等。

日期和时间：在Excel中，日期和时间是以一种特殊的数值形式存储的，这种数值形式被称为"序列值"（Series）。在早期的版本中也被称为"系列值"。序列值是介于一个大于等于0，小于2,958,466的数值区间的数值。因此，日期型数据实际上是一个包括在数值数据范畴中的数值区间。日期系统的序列值是一个整数数值，一天的数值单位就是1，那么1小时就可以表示为1/24天，1分钟就可以表示为1/(24×60)天等，一天中的每一个时刻都可以由小数形式的序列值来表示。例如，中午12:00:00的序列值为0.5(一天的一半)，12:05:00的序列值近似为0.503472。

文本：文本通常指的是一些非数值型文字、符号等，如企业的部门名称、员工的考核科目、产品的名称等。除此之外，许多不代表数量的、不需要进行数值计算的数字也可以保存为文本形式，如电话号码、身份证号码、股票代码等。所以，文本并没有严格意义上的概念。事实上，Excel将许多不能理解为数值(包括日期时间)和公式的数据都视为文本。文本不能用于数值计算，但可以比较大小。

逻辑值：逻辑值是一种特殊的参数，它只有TRUE(真)和FALSE(假)两种类型。例如，在公式"=IF(A3=0,"0",A2/A3)"中，A3=0就是一个可以返回TRUE(真)或FLASE(假)两种结果参数。当A3=0为TRUE时，在公式返回结果为0，否则返回A2/A3的计算结果。逻辑值之间进行四则运算，可以认为TRUE=1，FLASE=0。

错误值：经常使用Excel的用户可能都会遇到一些错误信息。例如，#N/A!、#VALUE!等。出现这些错误的原因有很多种。如果公式不能计算正确结果，Excel将显示一个错误值。例如，在需要数字的公式中使用文本、删除了被公式引用的单元格等。

公式：公式是Excel中一种非常重要的数据，Excel作为一种电子数据表格，其许多强大的计算功能都是通过公式来实现的。公式通常都是以等号(=)开头，它的内容可以是简单的数学公式，如"=16*62*2600/60-12"。

6.2 输入与编辑报表数据

正确合理地输入和编辑数据，对于报表数据采集和后续的处理与分析具有非常重要的作用。当用户掌握了科学的方法并运用一定的技巧，可以使数据的输入与编辑变得事半功倍。

6.2.1 在单元格中输入数据

要在单元格内输入数值和文本类型的数据，用户可以在选中目标单元格后，直接向单元格内输入数据。数据输入结束后

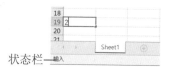

按下Enter键，或者使用鼠标单击其他单元格都可以确认完成输入。要在输入过程中取消本次输入的内容，则可以按下Esc键退出输入状态。

状态栏——输入

当用户输入数据的时候(Excel工作窗口底部状态栏的左侧显示"输入")，原有编辑栏的左边出现两个新的按钮，分别是 ✕ 和 ✓。如果用户单击 ✓ 按钮，可以对当前输入的内容进行确认，如果单击 ✕ 按钮，则表示取消输入。

确认输入

取消输入

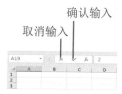

虽然单击 ✓ 按钮和按下Enter键同样都可以对输入内容进行确认，但两者的效果并不完全相同。当用户按下Enter键确认输入后，Excel会自动将下一个单元格激活为活动单元格，这为需要连续数据输入的用户提供了便利。而当用户单击 ✓ 按钮确认输入后，Excel不会改变当前选中的活动单元格。

6.2.2 编辑单元格中的内容

对于已经存放数据的单元格，用户可以在激活目标单元格后，重新输入新的内容来替换原有数据。但是，如果用户只想对其中的部分内容进行编辑修改，则可以激活单元格进入编辑模式。有以下几种方式可以进入单元格编辑模式。

👆 双击单元格，在单元格中的原有内容后会出现竖线光标显示，提示当前进入编辑模式。光标所在的位置为数据插入位置。

在内容中不同位置单击或者右击，可以移动光标插入点的位置。用户可以在单元格中直接对其内容进行编辑修改。

👆 激活目标单元格后按下F2快捷键，进入编辑单元格模式。

👆 激活目标单元格，然后单击Excel编辑栏内部。这样可以将光标定位在编辑栏中，激活编辑栏的编辑模式。用户可以在编辑栏中对单元格原有的内容进行编辑修改。对于数据内容较多的编辑修改，特别是对公式的修改，建议用户使用编辑栏的编辑方式。

进入单元格的编辑模式后，工作窗口底部状态栏的左侧会出现"编辑"字样，用户可以在键盘上按下Insert键切换"插入"或者"改写"模式。用户也可以使用鼠标或者键盘选取单元格中的部分内容进行复制和粘贴操作。

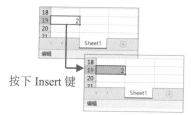

按下 Insert 键

另外，按下Home键可以将光标定位到单元格内容的开头。按下End键可以将光标插入点定位到单元格内容的末尾。在编辑修改完成后，按下Enter键或者单击 ✓ 按钮同样可以对编辑的内容进行输入确认。

光标位置

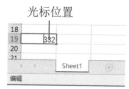

如果在单元格中输入的是一个错误的数据，用户可以再次输入正确的数据覆盖它，也可以单击【撤销】按钮 ↶ 或者按下Ctrl+Z组合键撤销本次输入。

用户单击一次【撤销】按钮 ，只能撤销一步操作。如果需要撤销多步操作，用户可以多次单击【撤销】按钮 ；或者单击该按钮旁的▼下拉按钮，在弹出的下拉列表中选择需要撤销返回的具体操作。

撤销　　　恢复

6.2.3 为单元格添加批注

除了可以在单元格中输入数据内容以外，用户还可以为单元格添加批注。通过批注，用户可以对单元格的内容添加一些注释或者说明，方便自己或者其他人更好地理解单元格中的内容含义。

在Excel中为单元格添加批注的方法有以下几种。

选中单元格，选择【审阅】选项卡，在【批注】命令组中单击【新建批注】按钮。批注效果如下图所示。

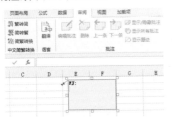

右击单元格，在弹出的菜单中选择【插入批注】命令。

选中单元格后，按下Shift+F2组合键。

在单元格中插入批注后，在目标单元格的右上方将出现红色的三角形符号。该符号为批注标识符，表示当前单元格包含批注。右侧的矩形文本框通过引导箭头与红色标识符相连。此矩形文本框即为批注内容的显示区域。用户可以在其中输入文本内容作为当前单元格的批注。批注内容会默认以加粗字体的用户名称开头，可标识添加此批注的作者。此用户名默认为当前Excel用户名。实际使用时，用户名也可以根据自己的需要更改为方便识别的名称。

完成批注内容的输入后，单击其他单元格即可表示完成了添加批注的操作。此时，批注内容呈现隐藏状态，只显示出红色标识符。当用户将鼠标移动至包括标识符的目标单元格上时，批注内容会自动显示出来。用户也可以在包含批注的单元格上右击，在弹出的菜单中选择【显示/隐藏批注】命令使得批注内容取消隐藏状态，固定显示在表格上方。或者在Excel功能区上选择【审阅】选项卡，在【批注】命令组中单击【显示/隐藏批注】切换按钮，切换批注的显示和隐藏状态。

除了上面介绍的方法以外，用户还可以通过单击【审阅】选项卡【批注】命令组中的【显示所有批注】切换按钮，切换所有批注的显示或隐藏状态。

如果用户需要对单元格中的批注内容进行编辑修改，可以使用以下几种方法。

选中包含批注的单元格，选择【审阅】选项卡，在【批注】命令组中单击【编辑批注】按钮。

🖐 右击包含批注的单元格，在弹出的菜单中选择【编辑批注】命令。

🖐 选中包含批注的单元格，按下Shift+F2组合键。

当单元格创建批注或批注处于编辑状态时，将鼠标指针移动至批注矩形框的边框上方时，鼠标指针会显示为黑色双箭头或者黑色十字箭头。当出现前者时，可以通过拖动来改变批注的大小；当出现后者时，可以通过拖动来移动批注的位置。

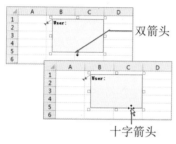

要删除一个已有的批注，可以在选中包含批注的单元格后，右击，在弹出的菜单中选择【删除批注】命令；或者在【审阅】选项卡的【批注】命令组中单击【删除批注】按钮。

如果用户需要一次性删除当前工作表中的所有批注可进行如下操作。

01 选择【开始】选项卡，在【编辑】命令组中单击【查找和选择】下拉按钮，在弹出的下拉列表中选择【转到】选项。或者按下F5键，打开【定位】对话框。

02 在【定位】对话框中单击【定位条件】按钮，打开【定位条件】对话框。选择【批注】单选按钮，然后单击【确定】按钮。

03 选择【审阅】选项卡，在【批注】命

令组中单击【删除】按钮即可。

此外，用户还参考以下操作，快速删除某个区域中的所有批注。

01 选择需要删除批注的单元格区域。

02 选择【开始】选项卡，在【编辑】命令组中单击【清除】下拉按钮，在弹出的下拉列表中选择【清除批注】选项。

6.2.4 删除单元格中的内容

对于表格中不再需要的单元格内容，如果用需要将其删除，可以先选中目标单元格(或单元格区域)，然后按下Delete键，将单元格中所包含的数据删除。但是这样的操作并不会影响单元格中的格式、批注等内容。要彻底地删除单元格中的内容，可以在选中目标单元格(或单元格区域)后，在【开始】选项卡的【编辑】命令组中单击【清除】下拉按钮，在弹出的下拉列表中选择相应的选项。具体如下。

🖐 全部清除：清除单元格中的所有内容，

包括数据、格式、批注等。

💡 清除格式：只清除单元格中的格式，保留其他内容。

💡 清除内容：只清除单元格中的数据，包括文本、数值、公式等，保留其他。

💡 清除批注：只清除单元格中附加的批注。

💡 清除超链接：在单元格中弹出如下图所示的按钮。单击该按钮，用户在弹出的下

拉列表中可以选择【仅清除超链接】或者【清除超链接和格式】选项。

清除超链接选项

💡 删除超链接：清除单元格中的超链接和格式。

6.3 使用自动填充和序列

除了通常的数据输入方式以外，如果数据本身包括某些顺序上的关联特性，用户还可以使用Excel所提供的填充功能进行快速批量录入数据。

6.3.1 使用自动填充

当用户需要在工作表连续输入某些"顺序"数据时，如星期一、星期二、……，甲、乙、丙、……等，可以利用Excel的自动填充功能实现快速输入。

首先应确保"单元格拖放"功能启动。具体操作如下。

打开【Excel选项】对话框，选择【高级】选项卡，然后在对话框右侧的选项区域中选中【使用填充柄和单元格拖放功能】复选框即可。

------➤ 【例6-1】使用自动填充连续输入1~10的数字，连续输入甲、乙、丙等10个天干。

▶视频▶

------➤

01 在A1单元格中输入1，在A2单元格中

输入2。

02 选中A1：A2单元格区域，将鼠标移动至区域中的黑色边框右下角，当鼠标指针显示为黑色加号时，向下拖动，直到A10单元格时释放鼠标。

03 在B1单元格中输入"甲"。选中B1单元格将鼠标移动至填充柄处，当鼠标指针显示为黑色加号时，双击即可。

除了拖动填充柄执行自动填充操作以外，双击填充柄也可以完成自动填充操作。当数据的目标区域的相邻单元格存在数据时(中间没有单元格)，双击填充柄的操作可以代替拖动填充柄的操作。例如，在【例6-1】中，与B1：B10相邻的A1：A10中都存在数据，可以采用填充柄操作。

6.3.2 使用序列

在Excel中可以实现自动填充的"顺序"数据被称为序列。在前几个单元格内

输入序列中的元素，就可以为Excel提供识别序列的内容及顺序信息，以及Excel在使用自动填充功能时，自动按照序列中的元素、间隔顺序来依次填充。

用户可以在【Excel选项】对话框中查看可以被自动填充的序列。

上图所示的【自定义序列】对话框左侧的列表中显示了当前Excel中可以被识别的序列(所有的数值型、日期型数据都是可以被自动填充的序列，不再显示于列表中)。用户也可以在右侧的【输入序列】文本框中手动添加新的数据序列作为自定义系列，或者引用表格中已经存在的数据列表作为自定义序列进行导入。

Excel中自动填充的使用方式相当灵活。用户并非必须从序列中的一个元素开始自动填充，而是可以始于序列中的任何一个元素。当填充的数据达到序列尾部时，下一个填充数据会自动取序列开头的元素，循环往复地继续填充。例如，在如下图所示的表格中，显示了从"六月"开始自动填充多个单元格的结果。

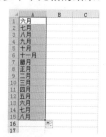

除了对自动填充的起始元素没有要求

之外，填充时。序列中元素的顺序间隔也没有严格限制。

当用户只在一个单元格中输入序列元素时(除了纯数值数据以外)，自动填充功能默认以连续顺序的方式进行填充。而当用户在第一、第二个单元格内输入具有一定间隔的序列元素时，Excel会自动按照间隔的规律来选择元素进行填充。例如，在如下图所示的表格中，显示了从六月、九月开始自动填充多个单元格的结果。

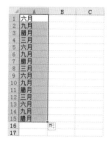

但是，如果用户提供的初始信息缺乏线性的规律，不符合序列元素的基本排列顺序，则Excel不能识别为序列。此时，使用填充功能并不能使填充区域出现序列内的其他元素，而只是单纯实现复制功能效果。

6.3.3 使用填充选项

自动填充完成后，填充区域的右下角将显示【填充选项】按钮，单击即可在弹出的菜单中选择更多的填充选项。

在上图所示的菜单中，用户可以为填充选择不用的方式，如【填充格式】、【不带格式填充】、【快速填充】等，甚至可以将填充方式改为复制，使数据不是

按照序列顺序递增，而是与最初的单元格保持一致。填充选项按钮下拉菜单中的选项内容取决于所填充的数据类型。例如，下图所示的填充目标数据是日期型数据，则在菜单中显示了更多日期有关的选项，如【以月填充】、【以年填充】等。

除了使用填充选项按钮可以选择更多填充方式以外，用户还可以从右键菜单中选择上图所示的菜单命令。具体方法为：右击并拖动填充柄，在达到目标单元格时释放邮件；此时将弹出一个快捷菜单，该菜单中显示了与上图类似的填充选项。

6.3.4 使用填充菜单

除了可以通过拖动或者双击填充柄的方式进行自动填充以外，使用Excel功能区中的填充命令，也可以在连续单元格中批量输入定义为序列的数据内容。

01 选择【开始】选项卡，在【编辑】命令组中单击【填充】下拉按钮，在弹出的下拉列表中选择【系列】选项，打开【序列】对话框。

02 在【序列】对话框中，用户可以选择序列填充的方向为【行】或者【列】，也可以根据需要填充的序列数据类型，选择不同的填充方式。

1 文本型数据序列

对于包含文本型数据的序列，如内置的序列"甲、乙、丙、……葵"，在【序列】对话框中实际可用的填充类型只有【自动填充】。具体操作方法如下。

01 在单元格中输入需要填充的序列元素，如"甲"。

02 选中输入序列元素的单元格以及相邻的目标填充区域。

03 选择【开始】选项卡，在【编辑】命令组中单击【系列】下拉按钮，在弹出的下拉列表中选择【序列】选项，打开【序列】对话框。在【类型】区域中选择【自动填充】选项，单击【确定】按钮。

04 此时，单元格区域的填充效果如下图所示。

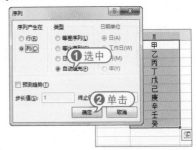

此类填充方式与使用填充柄的自动填

充方式十分相似。用户也可以在前两个单元格中输入具有一定间隔的序列元素，使用相同的操作方式填充出具有相同间隔的连续单元格区域。

2 数值型数据序列

对于数值型数据，用户可以采用以下两种填充类型。

🔸 等差序列：使数值数据按照固定的差值间隔依次填充，需要在【步长值】文本框内输入此固定差值。

🔸 等比数列：使数值数据按照固定的比例间隔依次填充，需要在【步长值】文本框内输入此固定比例值。

对于数值型数据，用户还可以在【序列】对话框的【终止值】文本框内输入填充的最终目标数据，以确定填充单元格区域的范围。在输入终止值的情况下，用户不需要预先选取填充目标区域即可完成填充操作。

除了用户手动设置数据变化规律以外，Excel还具有自动测算数据变化趋势的功能。当用户提供连续两个以上单元格数据时，选定这些数据单元格和目标填充区域，然后选中【序列】对话框内的【预测趋势】复选框，并且选择数据填充类型(等比或者等差序列)，然后单击【确定】按钮即可使Excel自动测算数据变化趋势并且进行填充操作。例如，下图所示为1、3、9，选择等比方式进行预测趋势填充的效果。

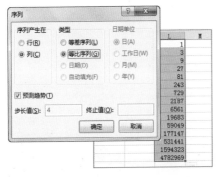

3 日期型数据序列

对于日期型数据，Excel会自动选中【序列】对话框中的【日期】类型，同时右侧【日期单位】选项区域中的选项将高亮显示。用户可以对其进一步设置。

🔸 【日】：填充时以天数作为日期数据传递变化的单位。

🔸 【工作日】：填充时以天数作为日期数据递增变化的单位，但是其中不包含周末以及定义过的节假日。

🔸 【月】：填充时以月份作为日期数据递增变化的单位。

🔸 【年】：填充时以年份作为日期数据递增变化的单位。

选中以上任意选项后，需要在【序列】对话框的【步长值】文本框中输入日期组成部分递增变化的间隔值。此外，用户还可以在【终止值】文本框中输入填充的最终目标日期，以确定填充单元格区域的范围。以显示2030年1月20日为初始日期为例，在【序列】对话框中选择按【月】变化，【步长值】为3的填充效果如下图所示。

Office 2013电脑办公入门与进阶

进阶技巧

日期型数据也可以使用等差序列和等比序列的填充方式，但是当填充的数值超过Excel的日期范围时，则单元格中的数据无法正常显示，而是显示一串【#】号。

6.4　设置数据的数字格式

　　Excel提供多种对数据进行格式化的功能，除了对齐、字体、字号、边框等常用的格式化功能以外，更重要的是其"数字格式"功能。该功能可以根据数据的意义和表达需求来调整显示外观，完成匹配展示的效果。

　　例如，在下图中通过对数据进行格式化设置，可以明显地提高数据的可读性。

　　Excel内置的数字格式大部分适用于数值型数据，因此称之为"数字"格式。但数字格式并非数值数据专用，文本型的数据同样也可以被格式化。用户可以通过创建自定义格式，为文本型数据提供各种格式化的效果。

　　对单元格中的数据应用格式，可以使用以下几种方法。

　　选择【开始】选项卡，在【数字】命令组中使用相应的按钮。

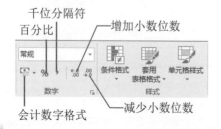

千位分隔符
百分比
增加小数位数
会计数字格式
减少小数位数

　　打开【单元格格式】对话框，选择【数字】选项卡。

　　使用快捷键应用数字格式。

　　在Excel【开始】选项卡的【数字】命令组中，【数字格式】选项框会显示活动单元格的数字格式类型。单击右侧的▼按钮，可选择如下图所示的几种数字格式。

当前单元格的数字格式

　　在工作表中选中包含数值的单元格区域，然后单击【开始】选项卡中【数字】命令组中的按钮或选项，即可应用相应的数字格式。【数字】命令组中各个按钮的功能说明如下。

🖝【会计专用格式】：在数值开头添加货币符号，并为数值添加千位分隔符，数值显示两位小数。

🖝【百分比样式】：以百分数形式显示数值。

🖝【千位分隔符样式】：使用千位分隔符分隔数值，显示两位小数。

🖝【增加小数位数】：在原数值小数位数的基础上增加一位小数位。

🖝【减少小数位数】：在原数值小数位数的基础上减少一位小数位。

🖝【常规】：未经特别指定的格式，为Excel的默认数字格式。

🖝【长日期与短日期】：以不同的样式显示日期。

6.4.1 使用快捷键应用数字样式

通过键盘快捷键也可以快速地对目标单元格和单元格区域设定数字格式。具体如下。

🖝 Ctrl+Shift+~组合键：设置为常规格式，即不带格式。

🖝 Ctrl+Shift+%组合键：设置为百分数格式，无小数部分。

🖝 Ctrl+Shift+^组合键：设置为科学计数法格式，含两位小数。

🖝 Ctrl+Shift+#组合键：设置为短日期格式。

🖝 Ctrl+Shift+@组合键：设置为时间格式，包含小时和分钟显示。

🖝 Ctrl+Shift+!组合键：设置为千位分隔符显示格式，不带小数。

6.4.2 使用对话框应用数字样式

若用户希望在更多的内置数字格式中进行选择，可以通过【单元格格式】对话框中的【数字】选项卡来进行数字格式设置。选中包含数据的单元格或区域后，有以下几种等效方式可以打开【单元格格式

式】对话框。

🖝 在【开始】选项卡的【数字】命令组中单击【对话框启动器】按钮 。

🖝 在【数字】命令组的【格式】下拉列表中选择【其他数字格式】选项。

🖝 按下Ctrl+1组合键。

🖝 右击，在弹出的菜单中选择【设置单元格格式】命令，打开【单元格格式】对话框后，选择【数字】选项卡。

在【数字】选项卡中【分类】列表中显示了Excel内置的12类数字格式，除了【常规】和【文本】外，其他每一种格式类型中都包含了更多的可选择样式或选项。在【分类】列表中选择一种格式类型后，对话框右侧就会显示相应的选项区域，并根据用户所做的选择将预览效果显示在"示例"区域中。

【例6-2】将表格中的数值设置为人民币格式(显示两位小数，负数显示为带括号的红色字体)。 🖝视频🖝

01 选中下图所示表格中的A1：B5单元格区域，按下Ctrl+1组合键打开【单元格格式】对话框。

	A	B	C
1	5621.5431	-5341.1256	
2	43124.8745	65821.3456	
3	-313.3441	175.3124	
4	76512.1234	-82.6512	
5	-1234.7645	76123.6786	
6			

02 在【分类】列表框中选择【货币】选

项，在对话框右侧的【小数负数】微调框中设置数值为2，在【货币符号】下拉列表中选择¥，最后在【负数】下拉列表中选择带括号的红色字体样式。

03 单击【确定】按钮后，单元格的显示效果如下图所示。

在【单元格格式】对话框中各类数字格式的详细说明如下。

🔵 常规：数据的默认格式，即未进行任何特殊设置的格式。

🔵 数值：可以设置小数位数、选择是否添加千位分隔符，负数可以设置特殊样式(包括显示负号、显示括号、红色字体等几种格式)。

🔵 货币：可以设置小数位数、货币符号。负数可以设置特殊样式(包括显示负号、显示括号、红色字体等几种样式)。数字显示自动包含千位分隔符。

🔵 会计专用：可以设置小数位数、货币符号，数字显示自动包含千位分隔符。与货币格式不同的是，本格式将货币符号置于单元格最左侧进行显示。

🔵 日期：可以选择多种日期显示模式，其中包括同时显示日期和时间的模式。

🔵 时间：可以选择多种时间显示模式。

🔵 百分比：可以选择小数位数。数字以百分数形式显示。

🔵 分数：可以设置多种分数，包括显示一位数分母、两位数分母等。

🔵 科学记数：以包含指数符号(E)的科学记数形式显示数字，可以设置显示的小数位数。

🔵 文本：将数值作为文本处理。

🔵 特殊：包含了几种以系统区域设置为基础的特殊格式。在区域设置为"中文(中国)"的情况下，包括3种允许用户自己定义格式。其中，Excel已经内置了部分自定义格式。内置的自定义格式不可删除。

6.5 处理文本型数据

文本型数字是Excel中的一种比较特殊的数据类型。它的数据内容是数值，但作为文本类型进行存储，具有和文本类型数据相同的特征。

6.5.1 设置【文本】数字格式

"文本"格式是特殊的数字格式。它的作用是设置单元格数据为"文本"。在实际应用中，这一数字格式并不总是会如字面含义那样可以让数据在"文本"和"数值"之间进行转换。

如果用户先将空白单元格设置为文本格式，然后输入数值，Excel会将其存储为文本型数字。文本型数字自动左对齐显示，在单元格的左上角显示绿色三角形符号。

三角形符号

如果先在空白单元格中输入数值，然后再设置为文本格式，数值虽然也自动左对齐显示，但Excel仍将其视作数值型数据。

对于单元格中的"文本型数字"，无论修改其数字格式为"文本"之外的哪一种格式，Excel仍然视其为"文本"类型的数据，直到重新输入数据才会变为数值型数据。

6.5.2 将文本数据转换为数值数据

"文本型数字"所在单元格的左上角显示绿色三角形符号，此符号为Excel"错误检查"功能的标识符。它用于标识单元格可能存在某些错误或需要注意的特点。选中此类单元格，会在单元格一侧出现【错误检查选项】按钮。单击该按钮右侧的下拉按钮会显示如下图所示的菜单。

在上图所示的下拉菜单中的【以文本形式存储的数字】命令，显示了当前单元格的数据状态。此时，如果选择【转换为数字】命令，单元格中的数据将会转换为数值型。

如果用户需要保留这些数据为【文本型数字】类型，而又不需要显示绿色三角符号的显示，可以在如上图所示的菜单中选择【忽略错误】命令，关闭此单元格的【错误检查】功能。

如果用户需要将"文本型数字"转换为数值，对于单个单元格，可以借助错误检查功能提供的菜单命令。而对于多个单元格，则可以参考下面介绍的方法进行转换。

【例6-3】将表格中的文本型数字转换为数值。 ◎视频

01 打开工作表，选中工作表中的一个空白单元格，按下Ctrl+C组合键。

02 选中 A1：B5单元格区域，右击，在弹出的菜单中选择【选择性粘贴】命令，在弹出的【选择性粘贴】子菜单中选择【选择性粘贴】命令。

03 打开【选择性粘贴】对话框，选中【加】单选按钮，然后单击【确定】按钮即可将A1：B5单元格区域转换为数值。

6.5.3 将数值数据转换为文本数据

如果要将工作表中的数值型数据转换为文本型数字，可以先将单元格设置为【文本】格式，然后双击单元格或按下F2键激活单元格的编辑模式，最后按下Enter键即可。但是此方法只对单个单元格起作用。如果要同时将多个单元格的数值转换

为文本类型，且这些单元格在同一列，可以参考以下方法进行操作。

01 选中位于同一列的包含数值型数据的单元格区域，选择【数据】选项卡，在【数据工具】命令组中单击【分列】按钮。

02 打开【文本分列向导-第1步】对话框，连续单击【下一步】按钮。

03 打开【文本分列向导-第3步】对话框，选中【文本】单选按钮，单击【完成】按钮。

04 此时，被选中区域中的数值型数据转换为文本型数据。

6.6 自定义数字格式

在【单元格格式】对话框的【数字】选项卡中，【自定义】类型包括了更多用于各种情况的数字格式，并且允许用户创建新的数字格式。此类型的数字格式都使用代码方式保存。

在【单元格格式】对话框【数字】选项卡的【分类】列表中选择【自定义】类型，在对话框右侧将显示现有的数字格式代码。

要创建新的自定义数字格式，用户可以在如上图所示对话框右侧的【类型】列表框中输入新的数字格式代码，也可以选择现有的格式代码，然后在【类型】列表框中进行编辑。输入与编辑完成后，可以从【示例】区域显示格式代码对应的数据显示效果，按下Enter键或单击【确定】按钮即可确认。

如果用户编写的格式代码符合Excel的规则要求，即可成功创建新的自定义格式，并应用于当前所选定的单元格区域中。否则，Excel会打开对话框提示错误。

用户创建的自定义格式仅保存在当前工作簿中。如果用户要将自定义的数字格式应用于其他工作簿，除了将格式代码复制到目标工作簿的自定义格式列表中以外，将包含此格式的单元格直接复制到目标工作簿也是一种非常方便的方式。

6.6.1 以不同方式显示分段数字

通过数字格式的设置，使用户直接能够从数据的显示方式上轻松判断数值的正负、大小等信息。此类数字格式可以通过对不同的格式区段设置不同的显示方式，以及设置区段条件来达到效果。

【例6-4】设置数字格式为正数正常显示、负数红色显示带负号、零值不显示、文本显示为ERR!。 🎬视频

----

01 打开工作表选中A1：B5单元格区域，打开【设置单元格格式】对话框。选择【自定义】选项，在【类型】文本框中输入如下代码。

G/ 通用格式 ;[红色]-G/ 通用格式 ; ;"ERR!"

02 单击【确定】按钮后，自定义数字格式的效果如下图所示。

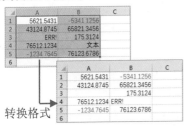

转换格式

【例6-5】将设置数字格式为：小于1的数字以两位小数的百分数显示，其他情况以普通的两位小数数字显示，并且以小数点位置对齐数字。 🎬视频

----

01 在工作表中选中A1：B5单元格区域，

打开【设置单元格格式】对话框，选择【自定义】选项，在【类型】文本框中输入如下代码。

[<1]0.00%；#.00_%

02 单击【确定】按钮后，自定义数字格式的效果如下图所示。

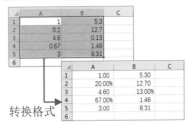

转换格式

6.6.2 以不同的数值单位显示数字

所谓"数值单位"指的是"十、百、千、万、十万、百万"等十进制数字单位。在大多数英语国家中，习惯以"千(Thousand)"和"百万(Million)"作为数值单位。千位分隔符就是其中的一种表现形式。而在中文环境中，常以"万"和"亿(即：万万)"作为数值单位。通过设置自定义数字格式，可以方便地令数值以不同的单位来显示。

【例6-6】在工作表中设置以万为单位显示数据。 🎬视频

----

01 在工作表A1：A4区域输入数据。

	A	B	C
1	528315		
2	17631		
3	883131		
4	183133		
5			
6			

02 按下Ctrl+1组合键打开【设置单元格格式】对话框。选择【自定义】选项，在【类型】文本框中分别输入如下代码。

0!.0,
0" 万 "0,

0!.0," 万 "
0!.0000" 万元 "

03 自定义数字格式的效果如下图所示。

	A	B	C
1	52.8		
2	1万8		
3	88 3万		
4	18.3133万元		
5			
6			

6.6.3 以不同方式显示分数

用户可以使用以下一些格式代码显示分数值。

💡 常见的分数形式，与内置的分数格式相同，包含整数部分和真分数部分。

?/?

💡 以中文字符"又"替代整数部分与分数部分之间的连接符，符合中文的分数读法。

#" 又 "?/?

💡 以运算符号【+】替代整数部分与分数部分之间的连接符，符合分数的实际数学含义。

#"+"?/?

💡 以假分数的形式显示分数。

?/?

💡 分数部分以20为分母显示。

?/20

💡 分数部分以50为分母显示。

?/50

6.6.4 以多种方式显示日期和时间

用户可以使用以下一些格式代码显示

日期数据。

💡 以中文"年月日"以及"星期"来显示日期，符合中文使用习惯。

yyyy" 年 "m" 月 "d" 日 "aaaa

💡 以中文小写数字形式来显示日期中的数值。

[DBNum1]yyyy" 年 "m" 月 "d" 日 "aaaa

💡 符合英语国家习惯的日期及星期显示方式。

d-mmm-yy,dddd

💡 以【.】号分隔符间隔的日期显示，符合某些人的使用习惯。

![yyyy!]![mm!]![dd!]

或

"["yyyy"]["mm"]["dd"]"

💡 仅显示星期几，前面加上文本前缀，适合于某些动态日历的文字化显示。

" 今天 "aaaa

用户可以使用以下一些格式代码显示时间数据。

💡 以中文"点分秒"以及"上下午"的形式来显示时间，符合中文使用习惯。

上午 / 下午 h" 点 "mm" 分 "ss" 秒 "

💡 符合英语国家习惯的12小时制时间显示方式。

h:mm a/p".m."

💡 符合英语国家习惯的24小时制时间显示方式。

mm'ss.00!"

6.6.5 显示电话号码

电话号码是工作和生活中常见的一类数字信息。通过自定义数字格式，可以在Excel中灵活显示并且简化用户输入操作。

对于一些专用业务号码，如400电话、800电话等，使用以下格式可以使业务号段前置显示，使得业务类型一目了然。

> "tel："000-000-0000

以下格式适用于长途区号自动显示，其中本地号码段长度固定为8位。由于我国的城市长途区号分为3位(如010)和4位(0511)两类，代码中的"(0###)"适应了小于等于4位区号的不同情况，并且强制显示了前置0。后面的八位数字占位符【#】是实现长途区号本地号码分离的关键，也决定了此格式只适用于8位本地号码的情况。

> (0###) #### ####

在以上格式的基础上，下面的格式添加了转拨分机号的显示。

> (0###) #### ####" 转 "####

6.6.6 简化输入操作

在某些情况下，使用带有条件判断的自定义格式可以简化用户的输入操作，起到类似于"自动更正"功能的效果示例如下。

使用以下格式代码，可以用数字0和1代替【×】和【√】的输入，由于符号【√】的输入并不方便，而通过设置包含条件判断的格式代码，可以使得当用户输入1时自动替换为【√】显示，输入【0】时自动替换为【×】显示，以输入0和1的简便操作代替了原有特殊符号的输入。如果输入的数值既不是1，也不是0，将不显示。

> [=1] " √ ";[=0] "×";;

用户还可以设计一些类似上面的数字格式，在输入数据时以简单的数字输入来替代复杂的文本输入，并且方便数据统计。而在显示效果时以含义丰富的文本来替代信息单一的数字。例如，在输入数值于零时显示YES，等于零时显示NO，小于零时显示空。

> "YES";;"NO"

使用以下格式代码可以在需要大量输入有规律的编码时，极大程度地提高效率，如特定前缀的编码，末尾是5位流水号。

> " 苏 A-2017"-00000

6.6.7 隐藏某些类型的数据

通过设置数字格式，还可以在单元格内隐藏某些特定类型的数据，甚至隐藏整个单元格的内容显示。但需要注意的是，这里所谓的"隐藏"只是在单元格显示上的隐藏，当用户选中单元格，其真实内容还是会显示在编辑栏中。

使用以下格式代码，可以设置当单元格数值大于1时才有数据显示，隐藏其他类型的数据。格式代码分为4个区段，第1区段当数值大于1时常规显示，其余区段均不显示内容。

> [>1]G/ 通用格式 ;;;

以下代码分为4个区段，第1区段当数值大于零时，显示包含3位小数的数字；第2区段当数值小于零时，显示负数形式的包含3位小数的数字；第3区段当数值等于零时显示零值；第4区段文本类型数据以*代替显示。其中，第4区段代码中的第1个*表示重复下一个字符来填充列宽，而紧随其后的第2个*则是用来填充的具体字符。

```
0.000;-0.000;0;**
```

以下格式代码为3个区段，分别对应于数值大于、小于及等于零的这3种情况，均不显示内容。因此，这个格式的效果为只显示文本类型的数据。

```
;;
```

以下代码为4个区段，均不显示内容。因此，这个格式的效果为隐藏所有的单元格内容。此数字格式通常被用来实现简单的隐藏单元格数据，但这种"隐藏"方式并不彻底。

```
;;;
```

6.6.8 文本内容的附加显示

数字格式在多数情况下主要应用于数值型数据的显示需求，但用户也可以创建出主要应用于文本型数据的自定义格式，为文本内容的显示增添更多样式和附加信息。例如，有以下一些针对文本数据的自定义格式。

下面所示的格式代码为4个区段，前3个区段禁止非文本型数据的显示，第4区段为文本数据增加了一些附加信息。此类格式可用于简化输入操作，或是某些固定样式的动态内容显示(如公文信笺标题、署名等)。用户可以按照此种结构根据自己的需要创建出更多式样的附加信息类自定义格式。

```
;;;" 南京分公司 "@" 部 "
```

文本型数据通常在单元格中靠左对齐显示，设置以下格式可以在文本左边填充足够多的空格使得文本内容显示为靠右侧对齐。

```
;;;*@
```

下面所示的格式在文本内容的右侧填充下划线"_"，形成类似签名栏的效果，可用于一些需要打印后手动填写的文稿类型。

```
;;; @*_
```

6.7 复制与粘贴单元格和区域

用户如果需要将工作表中的数据从一处复制或移动到其他位置，在Excel中可以参考以下方法操作。

● 复制：选择单元格区域后，执行【复制】操作。然后选取目标区域，按下Ctrl+V组合键执行【粘贴】操作。

● 移动：选择单元格区域后，执行【剪切】操作。然后选取目标区域，按下Ctrl+V组合键执行【粘贴】操作。

复制和移动的主要区别在于：复制是产生源区域的数据副本，最终效果不影响源区域，而移动则是将数据从源区域移走。

6.7.1 复制单元格和区域

用户可以参考以下几种方法复制单元格和区域。

● 选择【开始】选项卡，在【剪贴板】命令组中单击【复制】按钮。

● 按下Ctrl+C组合键。

● 右击选中的单元格区域，在弹出的菜单中选择【复制】命令。

完成以上操作将会把目标单元格或区域中的内容添加到剪贴板中(这里所指的"内容"不仅包括单元格中的数据，还包括单元格中的任何格式、数据有效性以及单元格的批注)。

6.7.2 剪切单元格和区域

用户可以参考以下几种方法剪切单元格和区域。

🔹 选择【开始】选项卡，在【剪贴板】命令组中单击【剪切】按钮 ✂。

🔹 按下Ctrl+X组合键。

🔹 右击单元格或区域，在弹出的菜单中选择【剪切】命令。

完成以上操作后，即可将单元格或区域的内容添加到剪贴板上。在进行粘贴操作之前，被剪切的单元格或区域中的内容并不会被清除，直到用户在新的目标单元格或区域中执行粘贴操作。

6.7.3 粘贴单元格和区域

"粘贴"操作实际上是从剪贴板中取出内容存放到新的目标区域中。Excel允许粘贴操作的目标区域等于或大于源区域。

用户可以参考以下几种方法实现"粘贴"单元格和区域操作。

🔹 选择【开始】选项卡，在【剪贴板】命令组中单击【粘贴】按钮 📋。

🔹 按下Ctrl+V组合键。

完成以上操作后，即可将最近一次复制或剪切操作源区域内容粘贴到目标区域中。如果之前执行的是剪切操作，此时会将源单元格和区域中的内容清除。如果复制或剪切的内容只需要粘贴一次，用户可以在目标区域中按下Enter键。

6.7.4 使用【粘贴选项】按钮

用户执行"复制"命令后再执行"粘贴"命令时，默认情况下被粘贴区域的右下角会显示【粘贴选项】按钮。单击该按钮，将弹出如下图所示的菜单。

项目	本月	本月计划	去年同期	当年累计
销量	12	12	1	
销售收入	33.12	36		
毛利	3.65	5.5	3.	
维护费用	1.23	2.		
税前利润	2.12	2.	2.3	

粘贴选项

此外，在执行了复制操作后，在【开始】选项卡的【剪贴板】命令组中单击【粘贴】拆分按钮，也会打开类似下拉菜单。

在默认的"粘贴"操作中，粘贴到目标区域的内容包括源单元格中的全部内容，包括数据、公式、单元格格式、条件格式、数据有效性以及单元格的批注。而通过在【粘贴选项】下拉菜单中进行选择，用户可以根据自己的需求来进行粘贴。

6.7.5 使用【选择性粘贴】功能

"选择性粘贴"是Excel中非常有用的粘贴辅助功能，其中包含了许多详细的粘贴选项设置，以方便用户根据实际需求选择多种不同的复制粘贴方式。要打开【选择性粘贴】对话框，用户需要先执行"复制"操作，然后参考以下两种方法之一进行操作。

🔹 选择【开始】选项卡，在【剪贴板】命令组中单击【粘贴】拆分按钮，在弹出的下拉列表中选择【选择性粘贴】选项。

🔹 在粘贴的目标单元格中右击，在弹出的菜单中选择【选择性粘贴】命令。

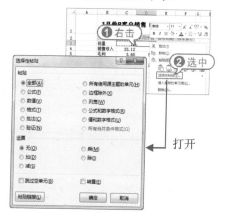

6.7.6 执行移动和复制操作

在Excel中，除了以上所示的复制和移动方法以外，用户还可以通过拖动的方式直接对单元格和区域进行复制或移动操作。执行复制操作的方法如下。

01 选中需要复制的目标单元格区域，将鼠标指针移动至区域边缘，当指针颜色显示为黑色十字箭头时，进行拖动。

	A	B	C	D
1	12.8			
2	14.6			
3	17.5			
4	11.1			
5				
6				

02 拖动至需要粘贴数据的目标位置后按下Ctrl键，此时鼠标指针显示为带加号(+)的指针样式，最后依次释放鼠标和键盘Ctrl键，即可完成复制操作。

	A	B	C	D
1	12.8		12.8	
2	14.6		14.6	
3	17.5		17.5	
4	11.1		11.1	
5				
6				

通过拖动移动数据的操作与复制类似，只是在操作的过程中不需要按住Ctrl键。

通过拖动实现复制和移动的操作方式不仅适合同个工作表中的数据复制和移动，也同样适用于不同工作表或不同工作簿之间的操作。

➧ 要将数据复制到不同的工作表中，可以在拖动过程中将鼠标移动至目标工作表标签上方，然后按Alt键(同时不要松开鼠标左键)，即可切换到目标工作表中。此时再执行上面步骤2的操作，即可完成跨表粘贴。

➧ 要在不同的工作簿之间复制数据，用户可以在【视图】选项卡的【窗口】命令组中选择相关命令，同时显示多个工作簿窗口，即可在不同的工作簿之间拖动数据进行复制。

6.8 查找与替换表格数据

如果需要在工作表中查找一些特定的字符串，通过查看每个单元格较为繁琐，特别是在一份较大的工作表或工作簿中。Excel提供的查找和替换功能可以方便地查找和替换需要的内容。

6.8.1 查找表格数据

在使用电子表格的过程中，常常需要查找某些数据。使用Excel的数据查找功能可以快速查找出满足条件的所有单元格，还可以设置查找数据的格式，进一步提高编辑和处理数据的效率。

在Excel 2013中查找数据时，可以选择【开始】选项卡，在【编辑】组中单击【查找和选择】下拉列表按钮 ，然后在弹出的下拉列表中选中【查找】选项，打开【查找和替换】对话框。接下来，在该对话框的【查找内容】文本框中输入要查找的数据，然后单击【查找下一个】按钮，如图所示。Excel会自动在工作表中选定相关的单元格。若想查看下一个查找结果，则再次单击【查找下一个】按钮即可，依此类推。

若用户想要显示所有的查找结果，则在【查找和替换】对话框中单击【查找全部】按钮即可。

另外，在Excel中使用Ctrl+F快捷键，可以快速打开【查找和替换】对话框的【查找】选项卡。若查找的结果条目过多，用户还可以在【查找】选项卡中单击【选项】按钮，显示相应的选项区域，详细设置查找选项后再次查找。

在【查找和替换】对话框的【查找】
选项卡中，各选项的功能说明如下。

🕯 单击【格式】按钮，可以为查找的内容
设置格式限制。

🕯 在【范围】下拉列表框中可以选择搜索
当前工作表还是搜索整个工作簿。

🕯 在【搜索】下拉列表框中可以选择按行
搜索还是按列搜索。

🕯 在【查找范围】下拉列表框中可以选择
是查找公式、值或是批注中的内容。

🕯 通过选中【区分大小写】、【单元格匹
配】和【区分全/半角】等复选框可以设置在
搜索时是否区别大小写、全角和半角等。

6.8.2 替换表格数据

在Excel中，若用户要统一替换一些内
容，则可以使用数据替换功能。通过【查
找和替换】对话框，不仅可以查找表格中
的数据，还可以将查找的数据替换为新的
数据，这样可以提高工作效率。

在Excel 2013中需要替换数据时，可
以选择【开始】选项卡，在【编辑】组中单
击【查找和选择】下拉列表按钮🔍，然后
在弹出的下拉列表中选中【替换】选项。
打开【查找和替换】对话框的【替换】选

项卡，在【查找内容】文本框中输入要替
换的数据，在【替换为】文本框中输入要
替换为的数据，并单击【查找下一个】按
钮，Excel会自动在工作表中选定相关的单
元格。此时，若要替换该单元格的数据则单
击【替换】按钮，若不要替换则单击【查找
下一个】按钮，查找下个要替换的单元格。
若用户单击【全部替换】按钮，则Excel会
自动替换所有满足替换条件的单元格中的
数据。

若要详细设置替换选项，则在【替换】
选项卡中单击【选项】按钮，打开相应的选
项区域，如下图所示。在该选项区域中，用
户可以详细设置替换的相关选项，其设置方
法与设置查找选项的方法相同。

知识点滴

在Excel 2013中使用Ctrl+H快捷键，
可以快速打开【查找和替换】对话
框的【替换】选项卡。

6.9 隐藏和锁定单元格

在工作中，用户可以根据需要将某些单元格或区域隐藏，或者将部分单元格或整
个工作表锁定，防止泄露机密或者意外的编辑删除数据。设置Excel单元格格式的"保
护"属性，再配合"工作表保护"功能，可以帮助用户方便地实现这些目的。

6.9.1 隐藏单元格和区域

要隐藏工作表中的单元格或单元格区

域，用户可以参考以下步骤。

01 选中需要隐藏内容的单元格或区域

后，按下Ctrl+1组合键，打开【单元格格式】对话框。选择【数字】选项卡，将单元格格式设置为【;;;】。

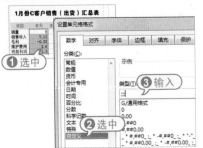

02 选择【保护】选项卡，选中【隐藏】复选框，然后单击【确定】按钮。

03 选择【审阅】选项卡，在【更改】命令组中单击【保护工作表】按钮，打开【保护工作表】对话框。单击【确定】按钮即可完成单元格内容的隐藏。

除了上面介绍的方法以外，用户也可以先将整行或者整列单元格选中，在【开始】选项卡的【单元格】命令组中单击【格式】拆分按钮，在弹出的菜单中选择【隐藏和取消隐藏】|【隐藏行】(或【隐藏列】)命令，然后再执行【工作表保护】操作，达到隐藏数据的目的。

6.9.2 锁定单元格和区域

Excel中单元格是否可以被编辑，取决于以下两项设置。

- 单元格是否被设置为"锁定"状态。
- 当前工作表是否执行了【工作表保护】命令。

当用户执行了【工作表保护】命令后，所有被设置为"锁定"状态的单元格，将不允许再被编辑，而未被执行"锁定"状态的单元格仍然可以被编辑。

要将单元格设置为"锁定"状态，用户可以在【单元格格式】对话框中选择【保护】选项卡，然后选中该选项卡中的【锁定】复选框。

Excel中所有单元格的默认状态都为"锁定"状态。

6.10 进阶实战

本章的进阶实战部分将通过实例介绍使用Excel 2013制作财务支出统计表和员工信息登记表等两个报表，使用户通过具体的操作进一步巩固所学的知识。

6.10.1 制作财务支出统计表

【例6-7】使用Excel 2013制作一个【本月财务支出统计表】。 视频

01 按下Ctrl+N组合键，创建一个空白工作簿后，将该工作簿以文件名"本月财务支出统计表"保存。

02 选中A1：D2单元格区域，在【开始】选项卡中单击【合并后居中】按钮。

03 在合并后的单元格中输入文本"本月财务支出统计表"。

04 在A3、B3、C3和D3单元格中分别输入文本"日期"、"支出项目"、"数量"和"金额"后，选中A4单元格。

05 选择【数据】选项卡，在【数据工具】组中单击【数据验证】选项。

06 在打开的【数据验证】对话框中选中【设置】选项卡，单击【允许】下拉列表按钮，在弹出的下拉列表中选中【日期】选项，然后在【开始日期】文本框中输入"2018/6/1"，在【结束日期】文本框中输入"2018/6/30"。

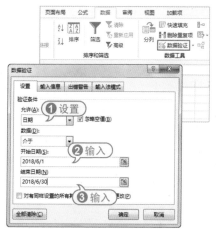

07 在【数据验证】对话框中选中【输入信息】选项卡，在【标题】文本框中输入文本"输入提示"，在【输入信息】文本框中输入文本"请输入2018年6月之内的日期"。

08 在【数据验证】对话框中单击【确定】按钮，A4单元格上将显示如下图所示的提示信息。

09 在A4单元格中输入一个错误的时间后，Excel将打开如下图所示的提示框。

10 在A4单元格中输入2019/6/1后，选择【开始】选项，在【剪切板】组中单击【格式刷】选项。然后单击A4单元格，拖动单元格右下角的控制点至A12单元格，复制A4单元格中设置的格式。

11 在A4：B12单元格区域中输入文本内容后，选中第9行。

12 右击第9行，在弹出的菜单中选择【删除】命令。

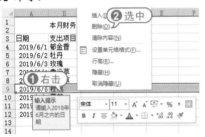

13 在C4：C11单元格区域中输入相应的数字后，选中C3：C11单元格区域。

14 在【开始】选项卡中的【单元格】组中单击【格式】下拉列表按钮，在弹出的下拉列表中选中【自动调整列宽】选项。

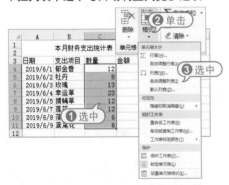

15 此时，Excel将自动调整C列的列宽。

16 选中C8、C9单元格，然后在【开始】选项卡的【对齐方式】组中单击【合并单元格】按钮，将这两个单元格合并。

17 在D4：D11单元格区域中输入相应的金额数据，然后选中D列。

18 按下Ctrl+1组合键，打开【设置单元格格式】对话框。选择【数字】选项卡，在【分类】列表中选择【货币】选项，在显示的选项区域中参考下图所示设置参数。

19 单击【确定】按钮，D列中的数据效果如下图所示。

A	B	C	D	E	F
1	本月财务支出统计表				
2					
3	日期	支出项目	数量	金额	
4	2019/6/1	郁金香	12	¥1,560.0	
5	2019/6/2	牡丹	8	¥830.0	
6	2019/6/3	玫瑰	13	¥1,820.0	
7	2019/6/4	幸运草	23	¥750.0	
8	2019/6/5	捕蝇草	12	¥610.0	
9	2019/6/7	莲花		¥1,100.0	
10	2019/6/8	落石花	6	¥350.0	
11	2019/6/9	鸢尾花	6	¥1,280.0	
12					

20 选中并右击A4：A11单元格区域，在弹出的菜单中选择【设置单元格格式】命令，打开【设置单元格格式】对话框。在【数字】选项卡的【分类】列表中选择【日期】选项。

21 在显示的选项区域中选择一种日期格式后，单击【确定】按钮。

22 选择A3：D3单元格区域，在【开始】选项卡的【对齐方式】选项组中单击【居中】按钮≡。

23 最后按下Ctrl+S组合键，将创建的报表保存。

6.10.2 制作员工信息登记表

【例6-8】使用Excel 2013制作一个员工信息登记表。
📹视频+素材 (光盘素材\第06章\例6-8)

01 启动Excel 2013，创建一个空白工作簿。右击Sheet1工作表标签，在弹出的菜单中选择【重命名】命令，然后输入文字"员工信息表"并按下Enter键。

02 选中A1单元格，然后输入文本"员工信息表"。

03 使用同样的方法，在工作表中输入其他数据，效果如下图所示。

04 选中并右击A2单元格，在弹出的菜单中选中【插入】命令。

05 打开【插入】对话框，选中【整行】单选按钮，然后单击【确定】按钮。

06 在工作表中插入一行后，选中A1：G2单元格区域，选择【开始】选项卡，在【对齐方式】组中单击【合并后居中】按钮🔲▼。

07 选中合并后的A1单元格，在【单元格】组中单击【格式】下拉列表按钮，在弹出的下拉列表中选中【行高】选项。然后在打开的【行高】对话框中输入10，单击【确定】按钮。

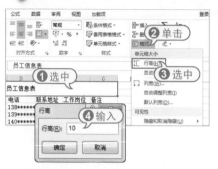

08 选中A列，在【单元格】组中单击【插入】下拉列表按钮，在弹出的下拉列表中选中【插入单元格】选项。

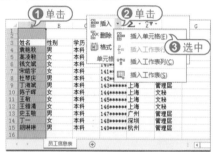

09 在A3单元格中输入"员工编号"，在A4单元格中输入A0001。

10 将鼠标指针放置在A4单元格右下角，当指针变为十字形状时，向下拖动至A15单元格。

11 将鼠标指针移动到C列和D列的交界处，当其变成 ✛ 形状时，双击可以自动调整C列的列宽。

12 将鼠标指针插入D4单元格中，文本【本科】的前面，选择【插入】选项卡，在【符号】组中单击【符号】按钮。

13 打开【符号】对话框，选中一种符号，然后单击【插入】按钮。

14 在单元格中插入√符号后，将鼠标指针放置在D4单元格右下角。当指针变为十字形状时，按住Ctrl键的同时，拖动至D15单元格。

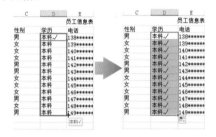

15 在将鼠标指针移动到D列和E列的交界处，当其变成 ✛ 形状时，双击自动调整D列的列宽。

16 将鼠标指针移动到H列和I列的交界处，当其变成 ✛ 形状时，向右拖动，调整H列的宽度。

17 选中B3单元格，选择【开始】选项卡。在【编辑】组中单击【查找和选择】下拉列表按钮，在弹出的下拉列表中选择【替换】选项。打开【查找和替换】对话框，单击【选项】按钮。

18 单击【查找内容】文本后的【格式】下拉列表按钮，在弹出的下拉列表中选择【从单元格选择格式】选项。

19 当鼠标指针变为 ✛✐ 状态后，单击B3单元格。

20 返回【查找和替换】对话框后，单击【替换为】文本框后的【格式】按钮。

21 打开【替换格式】对话框。选择【填充】选项卡，在【背景色】列表框中选中一种颜色。

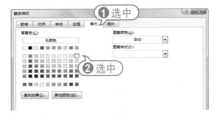

22 选择【对齐】选项卡，在【水平对齐】和【垂直对齐】下拉列表中选择【居中】选项后，选择【边框】选项卡。

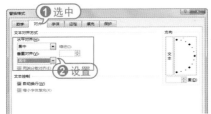

23 在【边框】选项卡中设置边框的样式和颜色，单击【外边框】按钮 ▣ ，然后单击【确定】按钮。

24 在【替换格式】对话框中单击【确定】按钮，返回【查找和替换】对话框。单击【全部替换】按钮，并在弹出的提示框中单击【确定】按钮，表格的效果将如下图所示。

25 选中A1：A2单元格区域，右击，在弹出的菜单中选中【删除】命令，打开【删除】对话框。选中【右侧单元格左移】单选按钮，并单击【确定】按钮。

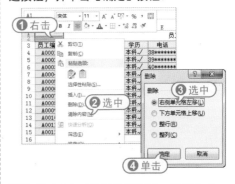

26 选中A1：H2单元格区域，然后右击，在弹出的菜单中选择【设置单元格格式】命令。

27 打开【设置单元格格式】对话框的【对齐】选项卡，选中【合并单元格】复选框后，单击【确定】按钮。

28 完成以上设置后，员工信息表效果如下图所示。

29 在快速访问工具栏单击【保存】按钮■，将工作簿保存。

6.11 疑点解答

● 问：如何在Excel 2013中使用记录单添加报表数据？

答：在Excel 2013中使用记录单管理数据其实就是使用软件自带的数据库来管理数据，在记录单中新建数据时，系统将自动创建数据库，记录这些数据。这样可以更加方便地对数据进行操作。使用记录单功能的方法如下。

01 单击【文件】按钮，在弹出的菜单中选择【选项】选项，打开【Excel选项】对话框。选中【快速访问工具栏】选项，将【从下列位置选择命令】选项设置为【不在功能区中的命令】选项，然后选中【记录单】选项，并单击【添加】按钮。

02 在【Excel选项】对话框中单击【确定】按钮。单击快速访问工具栏中的【记录单】按钮■，在打开的对话框中单击【新建】按钮，然后输入相应的数据内容。单击【关闭】按钮，即可在表格中添加一行数据。

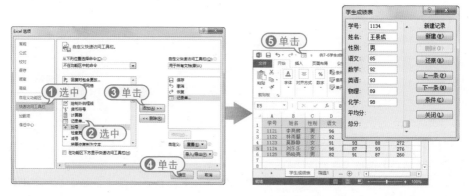

第7章

Excel表格设置

　　在Excel中制作报表后，其格式一般是默认的。为了使其更加美观和个性化，在实际工作中经常需要对Excel工作簿和工作表进行管理，并对工作簿中表格的格式进行设置，例如设置数据类型、添加表格边框、套用表格样式以及应用单元格样式等。

对应光盘视频

7.1 管理工作表和工作簿

在使用Excel设置表格格式之前，首先应掌握管理工作表、工作簿的方法，包括工作簿的创建、保存，工作表的创建、移动、删除以及工作表中行、列单元格区域的操作。

7.1.1 操作工作表

在Excel中，新建一个空白工作簿后，会自动在该工作簿中添加1个空的工作表，并将其命名为Sheet1，用户可以在该工作表中创建电子表格。

【新工作表】按钮

1 创建工作表

若工作簿中的工作表数量不够，用户可以在工作簿中创建新的工作表，不仅可以创建空白的工作表，还可以根据模板插入带有样式的新工作表。Excel 2013中常用创建工作表的方法有4种，分别如下。

🔵 在工作表标签栏中单击【新工作表】按钮⊕。

🔵 右击工作表标签，在弹出的菜单中选择【插入】命令，然后在打开的【插入】对话框中选择【工作表】选项，并单击【确定】按钮即可。此外，在【插入】对话框的【电子表格方案】选项卡中，还可以设置要插入工作表的样式。

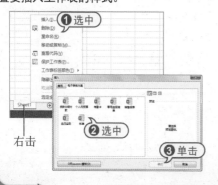

右击

🔵 按下Shift+F11组合键，则会在当前工作表前插入一个新工作表。

🔵 在【开始】选项卡的【单元格】选项组中单击【插入】下拉按钮，在弹出的下拉列表中选择【工作表】选项。

2 选取工作表

在实际工作中，由于一个工作簿中往往包含多个工作表，因此操作前需要选取工作表。选取工作表的常用操作包括以下4种。

🔵 选定一张工作表，直接单击该工作表的标签即可。

🔵 选定相邻的工作表，首先选定第一张工作表标签，然后按住Shift键并单击其他相邻工作表的标签即可。

🔵 选定不相邻的工作表，首先选定第一张工作表，然后按住Ctrl键并单击其他任意一张工作表标签即可。

选定工作簿中的所有工作表，右击任意一个工作表标签，在弹出的菜单中选择【选定全部工作表】命令即可。

3　移动和复制工作表

通过复制操作，工作表可以在另一个工作簿或者不同的工作簿创建副本。工作表还可以通过移动操作，在同一个工作簿中改变排列顺序，也可以在不同的工作簿之间转移。

在Excel中有以下两种方法可以显示【移动或复制】对话框。

👆 右击工作表标签，在弹出的菜单中选择【移动或复制工作表】命令。

👆 选中需要进行移动或复制的工作表，在Excel功能区选择【开始】选项卡，在【单元格】命令组中单击【格式】拆分按钮，在弹出的列表中选择【移动或复制工作表】选项。

在【移动或复制工作表】对话框中，单击【工作簿】下拉列表中可以选择【复制】或【移动】的目标工作簿。用户可以选择当前Excel软件中所有打开的工作簿或新建工作簿，默认为当前工作簿。下面的列表框中显示了指定工作簿中所包含的全部工作表，可以选择【复制】或【移动】工作表的目标排列位置。

在【移动或复制工作表】对话框中，选中【建立副本】复选框，则为【复制】方式；取消该复选框的选中状态，则为【移动】方式。

知识点滴

> 在复制和移动工作表的过程中，如果当前工作表与目标工作簿中的工作表名称相同，则会被自动重新命名。例如，Sheet1将会被命名为Sheet1(2)。

除此之外，用户还可以通过拖动实现工作表的复制与移动。具体方法如下。

01 将光标移动至需要移动的工作表标签上，接下来单击，鼠标指针显示出文档的图标。此时，可以通过拖动将当前工作表移动至其他位置。

02 拖动一个工作表标签至另一个工作表标签的上方时，被拖动的工作表标签前将出现黑色三角箭头图标，以此标识了工作表的移动插入位置。此时，如果释放鼠标即可移动工作表。

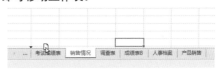

03 如果在单击的同时，按住Ctrl键则执行【复制】操作，此时鼠标指针下将显示的文档图标上还会出现一个+号，以此来表示当前操作方式为【复制】。

如在当前Excel工作窗口中显示了多个工作簿，拖动工作表标签的操作也可以在不同工作簿中进行。

4 删除工作表

对工作表进行编辑操作时，可以删除一些多余的工作表。这样不仅可以方便用户对工作表进行管理，也可以节省系统资源。在Excel 2013中删除工作表的常用方法如下。

● 在工作簿中选定要删除的工作表，在【开始】选项卡的【单元格】命令组中单击【删除】下拉按钮，在弹出的下拉列表中选中【删除工作表】命令即可。

● 右击要删除工作表的标签，在弹出的快捷菜单中选择【删除】命令，即可删除该工作表。

> **知识点滴**
>
> 若要删除的工作表不是空工作表，则在删除时Excel 2013会弹出对话框提示用户是否确认删除操作。

5 重命名工作表

在Excel中，工作表的默认名称为Sheet1、Sheet2……。为了便于记忆与使用，可以重新命名工作表。在Excel 2013中右击要重新命名工作表的标签，在弹出的快捷菜单中选择【重命名】命令，即可为该工作表自定义名称。

【例7-1】将"家庭支出统计表"工作簿中的工作表次命名为"春季"、"夏季"、"秋季"与"冬季"。 ◎视频

------

01 新建一个名为"家庭支出统计表"的工作簿后，在工作表标签栏中连续单击3次【新工作表】按钮 ⊕，创建Sheet2、Sheet3和Sheet4这3个工作表。

02 在工作表标签中单击，选定Sheet1工作表。然后右击，在弹出的菜单中选择【重命名】命令。

03 输入工作表名称"春季"，按Enter键即可完成重命名工作表的操作。

04 重复以上操作，将Sheet2工作表重命名为"夏季"，将Sheet3工作表重命名为"秋季"，将Sheet4工作表重命名为"冬季"。

6 设置工作表标签颜色

为了方便用户对工作表进行辨识，为工作表标签设置不同的颜色是一种便捷的方法。具体操作步骤如下。

01 右击工作表标签，在弹出的菜单中选择【工作表标签颜色】命令。

02 在弹出的子菜单中选择一种颜色，即可为工作表标签设置颜色。

7 显示和隐藏工作表

在工作中，用户可以使用工作表隐藏功能，将一些工作表隐藏显示。具体方法如下。

👆 选择【开始】选项卡，在【单元格】命令组中单击【格式】拆分按钮，在弹出的列表中选择【隐藏和取消隐藏】|【隐藏工作表】选项。

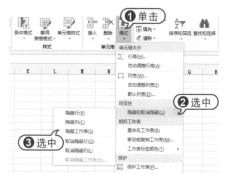

👆 右击工作表标签，在弹出的菜单中选择【隐藏】命令。

在Excel中无法隐藏工作簿中的所有工作表，当隐藏到最后一张工作表时，则会弹出如下图所示的对话框，提示工作簿中至少应含有一张可视的工作表。

如果用户需要取消工作表的隐藏状态，可以参考以下几种方法。

👆 选择【开始】选项卡，在【单元格】命令组中单击【格式】拆分按钮，在弹出的菜单中选择【隐藏和取消隐藏】|【取消隐藏工作表】命令。在打开的【取消隐藏】对话框中选择需要取消隐藏的工作表后，单击【确定】按钮。

👆 在工作表标签上右击，在弹出的菜单中选择【取消隐藏】命令。然后在打开的【取消隐藏】对话框中选择需要取消隐藏的工作表。

在取消隐藏工作操作时，应注意以下几点。

👆 Excel无法一次性对多张工作表取消隐藏。

👆 如果没有隐藏的工作表，则右击工作表标签后，【取消隐藏】命令为灰色不可用状态。

👆 工作表的隐藏操作不会改变工作表的排列顺序。

7.1.2 操作行与列

本节将重点介绍Excel中行、列等重要对象的操作，帮助用户理解这些对象的概念以及基本的操作方法与技巧。

1 认识行与列

Excel作为一款电子表格软件，其最基本的操作形态是标准的表格——由横线和竖线组成的格子。在工作表中，由横线隔出的区域被称为行(Row)，而被竖线分隔出的区域被称为"列"(Column)。行与列相

互交叉形成了一个个的格子被称为"单元格"(Cell)。

列表

行号　　　　　活动单元格

在Excel窗口中，一组垂直的灰色阿拉伯数字标识了电子表格的行号；而另一组水平的灰色标签中的英文字母，则标识了电子表格的列号，这两组标签在Excel中分别被称为"行号"和"列标"。

知识点滴

在Excel工作表区域中，用于划分不同行列的横线和竖线被称为"网格线"。它们可以使用户更加方便地辨别行、列及单元格的位置。在默认情况下，网格线不会随着表格数据的内容被打印出来。用户可以设置关闭网格线的显示或者更改网格线的颜色，以适应不同工作环境的需求。

【例7-2】将在Excel中设置更改网格线的颜色。 视频

01 单击【文件】按钮，在弹出的菜单中选择【选项】选项。打开【Excel选项】对话框后，选择【高级】选项卡。在窗口右侧选中【显示网格线】复选框，设置在窗口中显示网格线。

02 单击【网格线颜色】下拉列表按钮，在弹出的下拉列表中选择【红色】选项，单击【确定】按钮，完成对网格的设置。

在Excel 2013中，工作表的最大行号为1,048,576(即：1,048,576行)，最大列表为XFD列(A~Z，AA~XFD，即：16,384列)。在一张空白工作表中，选中任意单元格，在键盘上按下Ctrl+向下方向组合键则可以迅速定位到选定单元格所在列向下连续非空的最后一行(若整列为空或选择单元格所在列下方均为空，则定位到当前列的1,048,576行)；按下Ctrl+向右方向组合键，则可以迅速定位到选定单元格所在行向右连续非空的最后一列(若整行为空或者选择单元格所在行右方均为空，则定位到当前行的XFD列)；按下Ctrl+Home组合键，可以到达表格定位的左上角单元格；按下Ctrl+End组合键，可以到达表格定义的右下角单元格。

按照以上行列数量计算，最大行×最大列=17179869184。如此巨大的空间，对于一般应用来说，已经足够了，并且这已经超过交互式网页格式所能存储的单元格数量。

2 选择行与列

单击某个行号或者列标签即可选中相应的整行或者整列。当选中某行后，此行的行号标签会改变颜色，所有的列标签会加亮显示，此行的所有单元格也会加亮显示，以此来表示此行当前处于选中状态。

相应的，当列被选中时也会有类似的显示效果。

除此之外，使用快捷键也可以快速地选定单行或者单列。操作方法如下：单击选中单元格后，按下Shift+空格组合键，即可选定单元格所在的行；按下Ctrl+空格组合键，即可选定单元格所在的列。

在Excel中单击某行(或某列)的标签后，向上或者向下拖动，即可选中该行相邻的连续多行。选中多列的方法与此相似(向左或者向右拖动)。拖动时，行或列标签旁会出现一个带数字和字母内容的提示框，显示当前选中的区域中有多少列。

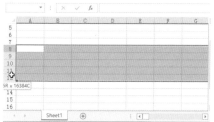

选定某行后按下Ctrl+Shift+向下方向组合键，如果选定行中活动单元格以下的行都不存在非空单元格，则将同时选定该行到工作表中的最后可见行。同样，选定某列后按下Ctrl+Shift+向右方向组合键，如果选定列中活动单元格右侧的列中不存在非空单元格，则将同时选定该列到工作表中的最后可见列。使用相反的方向键+Ctrl+Shift组合键则可以选中相反方向的所有行或列。

另外，单击行列标签交叉处的【全选】按钮，可以同时选中工作表中的所有行和所有列，即选中整个工作表区域。

要选定不相邻的多行可以通过如下操作实现。

选中单行后，按下Ctrl键，继续使用鼠标单击多个行标签，直至选择完所有需要选择的行，然后松开Ctrl键，即可完成不相邻的多行的选择。如果要选定不相邻的多列，方法与此相似。

3 设置行高与列宽

在Excel 2013中用户可以参考下面介绍的步骤精确设定行高和列宽。

01 选中需要设置的行高，选择【开始】选项卡，在【单元格】命令组中单击【格式】拆分按钮，在弹出的菜单中选择【行高】选项。

02 打开【行高】对话框，输入所需设定的行高数值，单击【确定】按钮。

03 设置列宽的方法与设置行高的方法类似。

除了上面介绍的方法以外，用户还可以在选中行或列后右击在弹出的菜单中选择【行高】(或者【列宽】)命令，设置行高或列宽。

用户可以直接在工作表中通过拖动的方式来设置选中行的行高和列宽。具体方法如下。

01 选中工作表中的单列或多列，将鼠标指针放置在选中的列与相邻列的列标签之间。

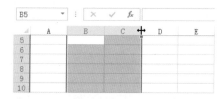

02 向左侧或者右侧拖动，此时在列标签上方将显示一个提示框，显示当前的列宽。

03 当调整到所需列宽时，释放鼠标即可完成列宽的设置(设置行高的方法与以上操作类似)。

如果某个表格中设置了多种行高或列宽，或者该表格中的内容长短不齐，会使表格的显示效果较差，影响数据的可读性，如下图所示。

此时，用户可以在Excel中执行以下操作，调整表格的行高与列宽至最佳状态。

01 选中表格中需要调整行高的行，在【开始】选项卡的【单元格】命令组中单击【格式】拆分按钮，在弹出的菜单中选择【自动调整行高】选项。

02 选中表格中需要调整列宽的列，重复步骤1的操作。单击【格式】拆分按钮，在弹出的下拉列表中选择【自动调整列宽】选项，调整选中表格的列宽，完成后表格的行高与列宽的调整效果如下图所示。

除了上面介绍的方法以外，还有一种更加快捷的方法可以用来快速调整表格的行高和列宽：同时选中需要调整列宽(或行高)的多列(多行)，将鼠标指针放置在列(或行)的中线上；此时，鼠标箭头显示为一个

黑色双向的图形，如下图所示；双击即可完成设置"自动调整列宽"的操作。

在【开始】选项卡的【单元格】命令组中单击【格式】按钮，在弹出的菜单中，选择【默认列宽】命令，可以在打开的【标准列宽】对话框中，一次性修改当前工作表的所有单元格的默认列宽。但是该命令对已经设置过列宽的列无效，也不会影响其他工作表，以及新建的工作表或工作簿。

4 插入行与列

用户有时需要在表格中增加一些条目的内容，并且这些内容不是添加在现有表格内容的末尾，而是插入到现有表格的中间，这时就需要在表格中插入行或者插入列。

选中表格中的某行，或者选中行中的某个单元格，然后执行以下操作可以在行之前插入新行。

● 选中并右击某行，在弹出的菜单中选择【插入】命令。

● 选择【开始】选项卡，在【单元格】命令组中单击【插入】拆分按钮，在弹出的列表中选择【插入工作表行】选项。

● 选中并右击某个单元格，在弹出的菜单中选择【插入】命令，打开【插入】对话框。选中【整行】单选按钮，然后单击【确定】按钮。

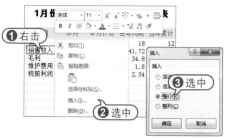

● 在键盘上按下Ctrl+Shift+=组合键，打开【插入】对话框选中【整行】单选按钮，并单击【确定】按钮。

插入列的方法与插入行的方法类似，同样也可以通过列表、右键快捷菜单和键盘快捷键等几种方法操作。

另外，如果用户在执行插入行或列操作之前，选中连续的多行（或多列），在执行"插入"操作后，会在选定位置之前插入与选定行、列相同数量的多行或多列。

5 移动和复制行与列

用户有时会需要在Excel中改变表格行列内容的放置位置与顺序，这时可以使用"移动"行（或列）的操作来实现。

实现移动行列的基本操作方法是通过【开始】选项卡中的菜单来实现的，具体方法如下。

01 选中需要移动的行（或列），在【开始】选项卡的【剪贴板】命令组中单击【剪切】按钮，也可以在右键菜单中选择

【剪切】命令，或者按下Ctrl+X组合键。此时，当前被选中的行将显示虚线边框。

02 选中需要移动的目标位置行的下一行，在【单元格】命令组中单击【插入】拆分按钮，在弹出的菜单中选择【插入剪切的单元格】命令，也可以在右键菜单中选择【插入剪切的单元格】命令；或者按下Ctrl+V组合键即可完成移动行操作。

完成移动操作后，需要移动的行的次序调整到目标位置之前，而此行的原有位置则被自动清除。如果用户在步骤1中选定连续的多行，则移动行的操作也可以同时对连续多行执行。非连续的多行无法同时执行剪切操作。移动列的操作方法与移动行的方法类似。

相比使用菜单方式移动行或列，直接通过拖动的方式可以更加直接方便地移动行或列。具体方法如下。

01 选中需要移动的行，将鼠标移动至选定行的黑色边框上，当鼠标指针显示为黑色十字箭头图标时，按住Shift键并拖动。

02 此时，将显示一条工字型虚线，显示移动行的目标插入位置。

1月份B客户销售（出货）汇总表				
项目	本月	本月计划	去年同期	当年累计
销量	12	15	18	12
销售收入	33.12	36	41.72	33.12
毛利	3.65	5.5	34.8	3.65
维护费用	1.23	2	1.8	1.23
税前利润	2.12	2.1	2.34	2.12

03 拖动至需要移动的目标位置，释放鼠标即可完成选定行的移动操作。

通过拖动实现移动列的操作与此类似。如果选定连续多行或者多列，同样可以拖动执行同时移动多行或者多列目标到指定的位置。但是无法对选定的非连续多行或者多列同时执行拖动移动操作。

复制行列与移动行列的操作方式十分相似，具体方法如下。

01 选中需要复制的行，在【开始】选项卡的【剪贴板】命令组中单击【复制】按钮，或者按下Ctrl+C组合键。此时，当前选定的行会显示出虚线边框。

02 选定需要复制的目标位置行的下一行，在【单元格】命令组中单击【插入】拆分按钮，在弹出的菜单中选择【插入复制的单元格】命令；也可以在右键菜单中选择【插入复制的单元格】命令，即可完成复制行插入至目标位置的操作。

使用拖动方式复制行的方法与移动行的方法类似，具体操作有以下两种。

🔹 选定数据后，按下Ctrl键不放的同时拖动，鼠标指针旁显示+号图标，目标位置出现如下图所示的虚线框，表示复制的数据将覆盖原来区域中的数据。

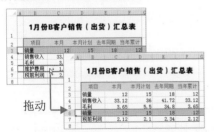

拖动

🔹 选定数据行后，按下Ctrl+Shift组合键同

时拖动，鼠标旁显示+号图标，目标位置出现工字型虚线，表示复制的数据将插入虚线所示位置。此时释放鼠标即可完成复制并插入行操作。

通过拖动实现复制列的操作方法与以上方法类似。用户在Excel 2013中可以同时对连续多行多列进行复制操作，无法对选定的非连续多行或者多列执行拖动操作。

6 删除行与列

对于一些不再需要的行列内容，用户可以选择删除整行或者整列进行清除。删除行的具体操作方法如下。

01 选定目标整行或者多行，选择【开始】选项卡，在【单元格】命令组中单击【删除】拆分按钮，在弹出的菜单中选择【删除工作表行】命令；或者右击，在弹出的菜单中选择【删除】命令。

02 如果选择的目标不是整行，而是行中的一部分单元格，Excel将打开如下图所示的【删除】对话框，在对话框中选择【整行】单选按钮，然后单击【确定】按钮即可完整目标行的删除。

03 删除列的操作与删除行的方法类似。

7 隐藏和显示行与列

在实际工作中，用户有时会出于方便浏览数据的需要，希望隐藏表格中的一部分内容，如隐藏工作表中的某些行或列。

选定目标行(单行或者多行)整行或者行中的单元格后，在【开始】对话框的【单元格】命令组中单击【格式】拆分按钮，在弹出的菜单中选择【隐藏和取消隐藏】|【隐藏行】命令，即可完成目标行的隐藏，如下图所示。

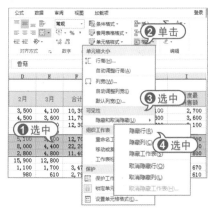

隐藏列的操作与此类似。选定目标列后，在【开始】选项卡的【单元格】命令组中单击【格式】拆分按钮，在弹出的菜单中选择【隐藏和取消隐藏】|【隐藏列】命令。

如果选定的对象是整行或者整列，也可以通过右击，在弹出的菜单中选择【隐藏】命令，来实现隐藏行列的操作。

在隐藏行列之后，包含隐藏行列处的行号或者列标标签不再显示连续序号，隐藏处的标签分隔线也会显得比其他的分割线更粗。

隐藏行处不显示连续序号

通过这些特征，用户可以发现表格中隐藏行列的位置。要把被隐藏的行列取消隐藏，重新恢复显示，可进行如下操作。

● 使用【取消隐藏】命令取消隐藏：在工作表中选定包含隐藏行的区域，在【开始】选项卡的【单元格】命令组中单击【格式】拆分按钮，在弹出的菜单中选择【隐藏和取消隐藏】|【取消隐藏行】命令，即可将其中隐藏的行恢复显示。按下Ctrl+Shift+9组合键，可以代替菜单操作，实现取消隐藏的操作。

● 使用设置行高列宽的方法取消隐藏：通过将行高列宽设置0，可以将选定的行列隐藏，反过来，通过将行高列宽设置为大于0的值，则可以将隐藏的行列设置为可见，达到取消隐藏的效果。

● 使用【自动调整行高(列宽)】命令取消行列的隐藏：选定包含隐藏行的区域后，在【开始】选项卡的【单元格】命令组中单击【格式】拆分按钮，在弹出的菜单中选择【自动调整行高】命令(或【自动调整列宽】命令)，即可将隐藏的行(或列)重新显示。

知识点滴

通过设置行高或者列宽值的方法，达到取消行列的隐藏，将会改变原有行列的行高或者列宽。而通过菜单取消隐藏的方法，则会保持原有行高和列宽值。

7.1.3 理解单元格区域

在了解行列的概念和基本操作之后，用户可以进一步学习Excel表格中单元格和单元格区域的操作。这是工作表中最基础的构成元素。

1 单元格的概念

行和列相互交叉形成一个个的格子被称为"单元格"(Cell)。单元格是构成工作表最基础的组成元素，众多的单元格组成了一个完整的工作表。在Excel中，默认每个工作表中所包含的单元格数量共有17,179,869,184个。

每个单元格都可以通过单元格地址进行标识。单元格地址由它所在列的列标和所在行的行号所组成，其形式通常为"字母+数字"的形式。例如，A1单元格就是位于A列第1行的单元格，如下图所示。

工作窗口的名称框

A1 单元格　　　　　　　编辑栏

用户可以在单元格中输入和编辑数据，单元格中可以保存的数据包括数值、文本和公式等。除此以外，用户还可以为单元格添加批注以及设置各种格式。

在当前的工作表中，无论用户是否曾经单击过工作表区域，都存在一个被激活的活动单元格。例如，上图中的A1单元格。该单元格即为当前被激活（被选定）的活动单元格。活动单元格的边框显示为黑色矩形边框，在Excel工作窗口的名称框中将显示当前活动单元格的地址，在编辑栏中则会显示活动单元格中的内容。

要选取某个单元格为活动单元格，用户只需要使用鼠标或者键盘按键等方式激活目标单元格即可。使用鼠标直接单击目标单元格，可以将目标单元格切换为当前活动单元格。使用键盘方向键及Page UP、Page Down等按键，也可以在工作中移动选取活动单元格。

除了以上方法外，在工作窗口中的名称框中直接输入目标单元格的地址也可以快速定位到目标单元格所在的位置，同时激活目标单元格为当前活动单元格。与

该操作效果相似的是使用【定位】的方法在表格中选中具体的单元格。具体如下。

01 在【开始】选项卡的【编辑】命令组中单击【查找和选择】下拉按钮，在弹出的下拉列表中选择【转到】选项。

02 打开【定位】对话框，在【引用位置】文本框中输入目标单元格的地址，然后单击【确定】按钮即可。

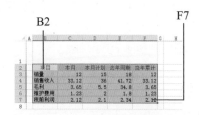

目标

对于一些位于隐藏行或列中的单元格，无法通过鼠标或者键盘激活，只能通过名称框直接输入地址选取和上例介绍的定位方法来选中。

2 区域的概念

单元格"区域"的概念是单元格概念的延伸，多个单元格所构成的单元格群组被称为"区域"。构成区域的多个单元格之间可以是相互连续的，它们所构成的区域就是连续区域，连续区域的形状一般为矩形；多个单元格之间可以使相互独立不连续的，它们所构成的区域就成为不连续区域。对于连续区域，可以使用矩形区域左上角和右下角的单元格地址进行标识，形式上为"左上角单元格地址；右下角单元格地址"，如下图所示的B2：F7单元格"区域"。

上图所示的单元格区域包含了从B2单元格到F7单元格的矩形区域。矩形区域宽度为5列，高度为6行，总共30个连续单元格。

3 选取单元格区域

在Excel工作表中选取区域后，可以对区域内所包含的所有单元格同时执行相关命令操作，如输入数据、复制、粘贴、删除、设置单元格格式等。选取目标区域后，在其中总是包含了一个活动单元格。工作窗口名称框显示的是当前活动单元格的地址，编辑栏所显示的也是当前活动单元格中的内容。

活动单元格与区域中的其他单元格显示风格不同。区域中所包含的其他单元格会加亮显示，而当前活动单元格还是保持正常显示，以此来标识活动单元格的位置。

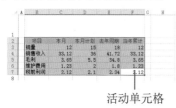

活动单元格

选定一个单元格区域后，区域中包含的单元格所在的行列标签也会显示出不同的颜色，如上图中的B~F列和2~7行标签所示。

要在表格中选中连续的单元格，可以使用以下几种方法：

💡 选定一个单元格，直接在工作表中拖动来选取相邻的连续区域。

💡 选定一个单元格，按下Shift键，然后使用方向键在工作表中选择相邻的连续区域。

💡 选定一个单元格，按下F8键，进入"扩展"模式。此时，用鼠标单击一个单元格时，则会选中该单元格与前面选中单元格之间所构成的连续区域。完成后再次按下F8键，则可以取消"扩展"模式。

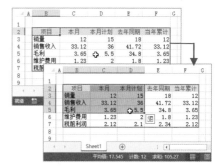

💡 在工作窗口的名称框中直接输入区域地址，如B2：F7，按下Enter键确认后，即可选取并定位到目标区域。此方法可适用于选取隐藏行列中所包含的区域。

💡 在【开始】选项卡的【编辑】命令组中单击【查找和选择】下拉按钮，在弹出的下拉列表中选择【转到】命令；或者在键盘上按下F5键，在打开的【定位】对话框的【引用位置】文本框中输入目标区域地址，单击【确定】按钮即可选取并定位到目标区域。该方法可以适应于选取隐藏行列中所包含的区域。

💡 选取连续的区域时。鼠标或者键盘第一个选定的单元格就是选定区域中的活动单元格；如果使用名称框或者定位窗口选区域，则所选区域的左上角单元格就是选定区域中的活动单元格。

在表格中选择不连续单元格区域的方法，与选择连续单元格区域的方法类似，具体如下。

💡 按下Shift+F8组合键，可以进入"添加"模式，与上面按Ctrl键作用相同。进入添加模式后，再用通过单击或拖动选取的单元格或者单元格区域会添加到之前的选取当中。

💡 选定一个单元格，按下Ctrl键，然后使用鼠标单击或者拖动选择多个单元格或者连续区域，最后一次单击的单元格，或者最后一次拖动开始之前选定的单元格就是选定区域的活动单元格。

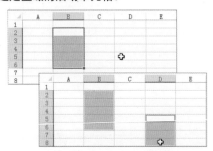

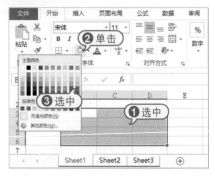

在工作表窗口的名称框中输入多个单元格或者区域地址，地址之间用半角状态下的逗号隔开，如"A1,B4,F7,H3"，按下Enter键确认后即可选取并定位到目标区域。在这种状态下，最后输入的一个连续区域的左上角或者最后输入的单元格为区域中的活动单元格(该方法适用于选取隐藏行列中所包含的区域)。

打开【定位】对话框，在【引用位置】文本框中输入多个地址，也可以选取不连续的单元格区域。

除了可以在一张工作表中选取某个二维区域以外，用户还可以在Excel中同时在多张工作表上选取三维的多表区域。

【例7-3】将当前工作簿的Sheet1、Sheet2、Sheet3工作表中分别设置B3：D6单元格区域的背景颜色(任意)。 🔘视频▶

------

01 在Sheet1工作表中选中B3：D6区域，按住Shift键，单击Sheet3工作表标签，再释放Shift键。此时Sheet1~Sheet3单元格的B3：D6单元格区域构成了一个三维的多表区域，并进入多表区域的工作编辑模式，在工作窗口的标题栏上显示出"[工作组]"字样。

02 在【开始】选项卡的【字体】命令中单击【填充颜色】拆分按钮，在弹出的颜色选择器中选择一种颜色即可。

03 此时，切换Sheet1、Sheet2、Sheet3工作表，可以看到每个工作表的B3：D6区域单元格背景颜色均被统一填充了颜色。

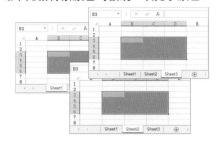

4 通过名称选取区域

在实际日常办公中，如果以区域地址来进行标识和描述有时会显得非常复杂，特别是对于非连续区域，需要以多个地址来进行标识。Excel中提供了一种名为【定义名称】的功能。用户可以给单元格和区域命名，以特定的名称来标识不同的区域，使得区域的选取和使用更加直观和方便。具体方法如下。

01 选中一个单元格区域(不连续)，然后在工作窗口的名称框中输入【区域1】。按下Enter键，即可选定相应区域。

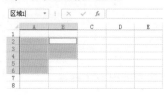

02 单击名称框下拉按钮，在弹出的下拉列表中选择【区域1】选项，即可选择存在于当前工作簿中的区域名称。

7.1.4 操作工作簿

工作簿(Workbook)是用户使用Excel进行操作的主要对象和载体。

在Excel中，用于存储并处理工作数据的文件被称为工作簿。工作簿有多重类型，当保存一个新的工作簿时，可以在【另存为】对话框的【保存类型】下拉列表中选择所需要保存的Excel文件格式。

默认情况下，Excel 2013保存的文件类型为"Excel工作簿(*.xlsx)"。如果用户需要和使用早起版本Excel的用户共享电子表格，或者需要制作包含宏代码的工作簿时，可以通过在【Excel选项】对话框中选择【保存】选项卡，设置工作簿的默认保存文件格式。

1 设置自动保存工作簿

在Excel中设置使用"自动保存"

功能，可以减少因突然原因造成的数据丢失。

【例7-4】启动"自动保存"功能，并设置每间15分钟自动保存工作簿。🎬视频

01 打开【Excel选项】对话框，选择【保存】选项卡，然后选中【保存自动恢复信息时间间隔】复选框(默认被选中)，即可设置启动"自动保存"功能。

02 在【保存自动恢复信息时间间隔】复选框后的文本中输入15，然后单击【确定】按钮即可完成自动保存时间的设置。

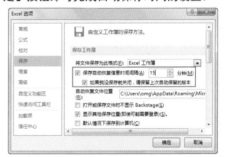

自动保存的间隔时间在实际使用时遵循以下几条规则。

💬 只有在工作簿发生新的修改时，自动保存计时才开始启动计时，到达指定的间隔时间后发生保存动作。如果在保存后没有新的修改编辑产生，计时器将不会再次激活，也不会有新的备份副本产生。

💬 在一个计时周期过程中，如果进行了手动保存操作，计时器将立即清零，直到下一次工作簿发生修改时再次开始激活计时。

利用Excel自动保存功能恢复工作簿的方式根据Excel软件关闭的情况不同而分为两种，一种是用户手动关闭Excel程序之前没有保存文档。

这种情况通常由误操作造成，要恢复之前所编辑的状态，可以重新打开目标工作簿文档后在功能区单击【文件】选项卡，在弹

出的菜单中选择【信息】选项，窗口右侧会
显示工作簿最近一次自动保存的文档副本，
如下图所示。单击该副本即可将其打开，并
在编辑栏上方显示提示信息。

最近一次自动保存的工作簿

第二种情况是Excel因发生突然性的
断电、程序崩溃等状况而意外退出，导致
Excel工作窗口非正常关闭。这种情况下重
新启动Excel时会自动显示一个【文档恢
复】窗格，提示用户可以选择打开Excel自
动保存的文件版本。

2 恢复未保存的工作簿

Excel具有"恢复未保存工作簿"功
能，该功能与自动保存功能相关，但在对
象和方式上与前面介绍的"自动保存"功
能有所区别。具体操作如下。

01 打开【Excel选项】对话框，选择
【保存】选项卡，选中【如果我没保存就
关闭，请保留上次自动保留的版本】复选
框，并在【自动恢复文件位置】文本框中
输入保存恢复文件的路径。

02 选择【文件】选项卡，在弹出的菜
单中选择【打开】命令，在显示的选项区
域的右下方选中【恢复未保存的工作簿】
复选框。

03 在打开的【打开】对话框中打开步骤
1设置的路径后，选择需要回复的文件，
并单击【打开】按钮即可恢复未保存的工
作簿。

Excel中的"恢复未保存的工作簿"功
能仅对从未保存过的新建工作簿或临时文
件有效。

3 恢复未保存的工作簿

在Excel 2013中，用户可以参考下面
介绍的方法，将早期版本的工作簿文件转
换为当前版本，或将当前版本的文件转换
为其他格式的文件。

01 选择【文件】选项卡，在弹出的菜单
中选择【导出】命令，在显示的选项区域
中单击【更改文件类型】按钮。

02 在【更改文件类型】列表框中双击需
要转换的文本和文件类型后，打开【另存
为】对话框，单击【保存】按钮即可。

7.2 设置表格样式

设置电子表格样式的目的是为了进一步对表格进行美化。在Excel 2013中，设置表格的样式有两种方法，一种是通过功能面板设置，另一种是通过对话框设置。下面将通过实例，分别介绍使用这两种方法为表格设置边框、设置背景图像、添加底纹、套用格式、应用单元格样式、突出显示数据以及在单元格中添加图形辅助显示数据的方法。

7.2.1 设置边框和底纹

默认情况下，Excel并不为单元格设置边框。工作表中的框线在打印时并不显示出来。但在一般情况下，用户在打印工作表或突出显示某些单元格时，都需要添加一些边框以使工作表更美观和容易阅读。设置底纹和设置边框一样，都是为了对工作表进行形象设计。

在【设置单元格格式】对话框的【边框】与【填充】选项卡中，可以分别设置工作表的边框与底纹。具体操作方法如下。

--------------------------------------➤

【例7-5】在Excel 2013中为表格设置边框和底纹。
🔵 视频+素材 (光盘素材\第07章\例7-4)
◀--

01 选中工作表中的A1：I14单元格区域，选择【开始】选项卡，在【字体】组中单击【下框线】下拉列表按钮，在弹出的下拉列表中选中【其他边框】选项。

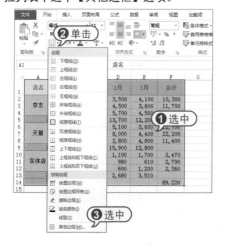

02 在打开的【设置单元格格式】对话框的【边框】选项卡中，单击选定【样式】列表框中的粗线线条样式，然后单击【外边框】按钮设置所选单元格区域边框的线条。

03 在【样式】列表框中单击选定细线线条样式，然后单击【内部】按钮，设置所选单元格区域内部的线条。

04 完成以上设置后，在【设置单元格格式】对话框中单击【确定】按钮，设置的表格边框效果如下图所示。

店名	商品名称	1月	2月	3月	合计
京东	香菇	2,700	3,500	4,100	10,300
	冬枣	3,600	4,500	3,600	11,700
	米酒	2,100	5,700	4,500	12,300
合计		8,400	13,700	12,200	
天猫	香菇	4,000	5,100	3,600	12,700
	冬枣	9,800	8,000	4,400	22,200
	米酒	3,800	2,800	4,800	11,400
合计		17,600	15,900	12,800	
实体店	香菇	670	1,100	1,700	3,470
	冬枣	1,200	980	610	2,790
	米酒	560	600	1,200	2,360
合计		2,430	2,680	3,510	
总计					89,220

05 按住Ctrl键选中A2：F4、A6：F8和A10：F12单元格区域，在【字体】组中单击【填充颜色】下拉列表按钮 ，在弹出的下拉列表中选择【橄榄色】选项，为表格中的单元格区域设置底纹。

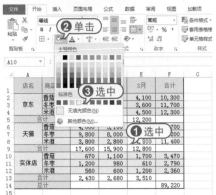

7.2.2 ▶ 设置表格背景

在Excel 2013中，除了可以为选定的单元格区域设置底纹样式或填充颜色之外，还可以为整个工作表添加背景图片，如剪贴画或者其他图片，以达到美化工作表的目的，使工作表看起来不再单调。

Excel支持多种格式的图片作为背景图案。比较常用的有JPEG、GIF、PNG等格式。工作表的背景图案一般为颜色比较淡的图片，避免遮挡工作表中的文字。

【例7-6】 在Excel 2013中为表格设置背景图案。

🔵视频+素材 (光盘素材\第07章\例7-5)

01 打开【考勤表】工作表，选择【页面布局】选项卡，然后在【页面设置】组中单击【背景】按钮 。

02 在打开的【工作表背景】对话框中选

中一个图片文件后，单击【插入】按钮。

03 此时，Excel将使用选定的图片作为当前工作表的背景图案。

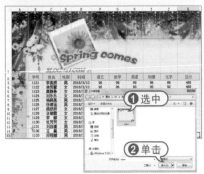

7.2.3 ▶ 套用表格样式

在Excel 2013中，预设了一些工作表样式，套用这些工作表样式可以大大节省格式化表格的时间。

【例7-7】 在Excel 2013中，可快速应用表格预设样式。

🔵视频+素材 (光盘素材\第07章\例7-6)

01 打开工作表，选中A3：E13单元格区域。选择【开始】选项卡，在【样式】组中单击【套用表格格式】选项，在弹出的列表中选中一种表格样式。

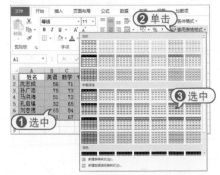

02 在打开的【套用格式】对话框中单击【确定】按钮。

03 此时，表格将自动套用用户所选样式。

Excel会自动打开【设计】选项卡，在其中可以进一步选择表样式以及相关选项。

7.2.4 应用单元格样式

用户如果要使用Excel 2013的内置单元格样式，可以先选中需要设置样式的单元格或单元格区域，然后再对其应用内置的样式。

【例7-8】在Excel 2013中，为选中的单元格应用软件内置的样式。

🎬 视频+素材 (光盘素材\第07章\例7-7)

01 打开工作表后选中A2：D7单元格，然后在【开始】选项卡的【样式】组中单击【单元格样式】下拉列表按钮，并在弹出的下拉列表中选中一种样式。

02 此时，被选中的单元格将自动套用用户选中的样式。

	A	B	C	D	E
1	姓名	数学	英语	物理	
2	林雨馨	96	93	95	
3	莫静静	93	88	96	
4	刘乐乐	97	93	96	
5	杨晓亮	91	117	70	
6	张珺涵	70	85	96	
7	姚妍妍	93	78	91	
8					

7.2.5 突出显示数据

在Excel中，条件格式功能提供了【数据条】、【色阶】、【图标集】这3种内置的单元格图形效果样式。其中，数据条效果可以直观地显示数值大小对比程度，使得数据效果更为直观。

【例7-9】在Excel 2013中，设置突出显示重要的数据。

🎬 视频+素材 (光盘素材\第07章\例7-8)

01 打开工作表按住Ctrl键，选中C5：E5、C9：E9和C13：E13单元格区域。选择【开始】选项卡，在【样式】组中单击【条件格式】按钮，在弹出的下拉列表中选择【数据条】选项，在弹出下拉列表中选择【渐变填充】列表里的【紫色数据条】选项。

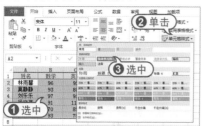

02 此时，工作表中选中的单元格区域中的数据将内添加紫色渐变填充的数据条效果。

	A	B	C	D	E
1	店名	商品名称	1月	2月	3月	合计
2	京东	香菇	2,700	3,500	4,100	10,300
3		冬枣	3,600	4,500	3,600	11,700
4		米酒	2,100	5,700	4,500	12,300
5		合计	8,400	13,700	12,200	
6	天猫	香菇	4,000	3,500	3,600	12,700
7		冬枣	9,800	8,400	4,400	22,200
8		米酒	3,800	2,800	4,800	11,400
9		合计	17,600	15,900	12,800	
10	实体店	香菇	670	1,100	1,700	3,470
11		冬枣	1,200	980	610	2,790
12		米酒	560	600	1,200	2,360
13		合计	2,430	2,680	3,510	
14		总计				89,220
15						

03 用户还可以通过设置将单元格数据隐藏起来，只保留数据条效果显示。先选中单元格区域后，单击【条件格式】按钮，在弹出的列表中选择【管理规则】选项。

04 在打开的【条件格式规则管理器】对话框中选中【数据条】规则，单击【编辑规则】按钮。

05 在打开的【编辑格式规则】对话框中的【编辑规则说明】区域里选中【仅显示数据条】复选框，单击【确定】按钮。

06 返回【条件格式规则管理器】对话框，单击【确定】按钮即可完成设置。此

时单元格区域只有数据条的显示，没有具体数值。

7.3 设置表格主题

对表格的主题进行设置，不仅可以让表格主旨明了、脉络清晰、方向明确，而且能够起到美化工作表的作用。

7.3.1 应用表格主题

设置表格主题也是格式化表格的一种。若想快速格式化标题主题，可以在【页面布局】选项卡的【主题】组中直接应用Excel自带的主题样式。具体方法如下。

01 选择【页面布局】选项卡，在【主题】组中单击【主题】下拉列表按钮，在弹出的下拉列表中选择一种主题样式。

02 在【主题】组中单击【颜色】下拉列表按钮，在弹出的下拉列表中设置表格

主题中的颜色。

03 在【主题】组中单击【字体】下拉列表按钮，在弹出的下拉列表中设置表格主题中的字体。

7.3.2 自定义主题样式

Excel中自带的主题样式有限，可能不能完全满足制作表格的需求，这时用户可

以根据实际的需求自定义设置主题样式。

【例7-10】在Excel 2013中自定义设置主题样式并将其保存。

视频+素材 (光盘素材\第07章\例7-9)

01 打开工作表后选择【页面布局】选项，在【主题】组中单击【颜色】按钮，在弹出的下拉列表中选择【自定义颜色】选项。

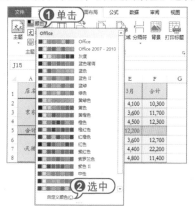

02 打开【新建主题颜色】对话框，设置主题中各个项目的颜色。在【名称】文本框中输入"自定义颜色A"，单击【保存】按钮。

03 在【主题】组中单击【字体】下拉列表按钮，在弹出的下拉列表中选中【自定义字体】选项。

04 打开【新建主题字体】对话框，设置主题中各个项目的字体。在【名称】文本框中输入"自定义字体A"，并单击【保存】按钮。

05 在【主题】组中单击【颜色】下拉列表按钮，在弹出的下拉列表中选中【自定义颜色A】选项。

06 在【主题】组中单击【字体】下拉列表按钮，在弹出的下拉列表中选中【自定义字体A】选项。此时，自定义表格效果如下图所示。

	A	B	C	D	E	F
1	店名	商品名称	1月	2月	3月	合计
2	京东	香菇	2,700	3,500	4,100	10,300
3		冬枣	3,600	4,500	3,600	11,700
4		米酒	2,100	5,700	4,500	12,300
5	合计		8,400	13,700	12,200	
6	天猫	香菇	4,000	5,100	3,600	12,700
7		冬枣	9,800	8,000	4,400	22,200
8		米酒	3,800	2,800	4,800	11,400
9	合计		17,600	15,900	12,800	
10	实体店	香菇	670	1,100	1,700	3,470
11		冬枣	1,200	980	610	2,790
12		米酒	560	600	1,200	2,360
13	合计		2,430	2,680	3,510	
14						

07 在【主题】组中单击【主题】下拉列表按钮，在弹出的下拉列表中选中【保存当前主题】选项。

08 在打开的【保存当前主题】对话框的【文件名】文本框中输入"自定义主题A"后，单击【保存】按钮即可。

7.4 设置表格页面

对表格页面进行设置后，在电子表格中不太明显。表格页面的设置主要是为打印表格做准备。设置表格页面包括添加页面页脚、设置页面、设置页边距等。

7.4.1 为表格添加页眉和页脚

在Excel中，为表格添加页眉页脚可直接调用软件自带的页眉页脚样式，能够满足一般表格设计的需求。其方法是，选择【页面布局】选项卡，在【页面设置】组中单击按钮，打开【页面设置】对话框。选择【页眉/页脚】选项，分别在【页眉】和【页脚】下拉列表中选择所需的选项，最后单击【确定】按钮。

【例7-11】在工作表中设置页眉和页脚。
视频+素材 (光盘素材\第07章\例7-10)

01 打开工作表后选择【页面布局】选项卡，在【页面设置】组中单击【页面设置】按钮。

02 打开【页面设置】对话框，选择【页眉/页脚】选项卡。分别单击【页眉】和【页脚】下拉列表按钮，在弹出的下拉列表中设置表格的页眉和页脚。然后单击【确定】按钮。

03 单击【文件】按钮，在弹出的菜单中选择【打印】选项，在显示的打印预览区域中可以查看添加的页眉和页脚效果。

7.4.2 自定义表格页眉和页脚

Excel自带的页眉页脚样式十分有限，用户可以根据实际需要对页眉页脚进行自定义设置，如插入标志图片。

【例7-12】在表格的页眉和页脚中自定义添加图片和文字。
视频+素材 (光盘素材\第07章\例7-11)

01 打开工作表后选择【页面布局】选项卡，在【页面设置】组中单击按钮，打开【页面设置】对话框。

02 在【页面设置】对话框中选择【页眉/页脚】选项卡，然后单击【自定义页眉】按钮。

03 打开【页眉】对话框，将鼠标指针定位到【左】文本框中，然后单击【插入图片】按钮。

04 打开【插入图片】对话框，在地址栏中选择图片的位置。在列表框中选择一个图片文件，然后单击【插入】按钮。

05 返回【页眉】对话框，在【左】文本框中可以看到【&[图片]】文本内容，单击【设置图片格式】按钮。

设置图片格式

06 打开【设置图片格式】对话框，选择【大小】选项卡。选中【锁定纵横比】复选框，将【高度】比例设置为5%，然后单击【确定】按钮。

❶ 设置
❷ 单击

07 返回【页眉】对话框，将鼠标指针定位到【中】文本框中，输入文本"销售数据统计"，然后单击【确定】按钮。

❶ 输入
❷ 单击

08 返回【页眉设置】对话框，单击【页脚】下拉列表按钮，在弹出的下拉列表中选中【第1页，共? 页】选项。

09 单击【自定义页脚】按钮，打开【页脚】对话框。然后在【中】文本框中选中【第 &[页码] 页，共 &[总页数] 页】文本，并单击【格式文本】按钮。

❶ 单击
❸ 单击
❷ 选中

10 打开【字体】对话框，在该对话框中设置页面文本的字体格式，然后单击【确定】按钮。

11 返回【页脚】对话框，单击【确定】按钮。

12 返回【页面设置】对话框，单击【确定】按钮。单击【开始】按钮，在弹出的菜单中选择【打印】选项，在显示的打印预览区域中可以查看页眉和页脚效果。

7.4.3 页面设置

为了让表格打印出的效果更符合设计需求，也可以对打印表格整体页面进行设置，如打印方向、缩放比例、纸张大小、打印质量和起始页码等内容。

【例7-13】设置表格页面的样式参数
🎬视频+素材 (光盘素材\第07章\例7-12)

01 打开工作表后，选择【页面布局】选项卡，在【页面设置】组中单击 按钮。

02 打开【页面设置】对话框，选择【页面】选项卡。在【方向】栏中选中【横向】单选按钮，在【纸张大小】下拉列表框中选中A5选项，在【起始页码】文本框中输入2，然后单击【确定】按钮。

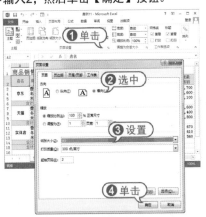

03 单击【开始】按钮，在弹出的菜单中选择【打印】选项，在显示的打印预览区域中可以查看页面的设置效果。

7.4.4 页边距设置

在Excel中设置表格的页边距可以增强其打印效果的美观性。方法是：选择【页面布局】选项卡，在【页面设置】组中单击 按钮；在打开的【页面设置】对话框中选择【页边距】选项卡，在该选项卡的【上】、【下】、【左】和【右】文本框中输入具体的参数，并单击【确定】按钮。

7.5 进阶实战

本章的进阶实战部分包括设置【旅游线路报价表】和【户型销售管理表】等实例操作。用户可以通过练习巩固所学的知识。

7.5.1 设置旅游线路报价表

【例7-14】使用Excel 2013制作一个"旅游路线报价表"工作簿。
🎬视频+素材 (光盘素材\第07章\例7-13)

01 在Excel 2013中打开"旅游路线报价表"工作簿。

02 在"出境游"工作表中输入数据。选

中表格标题所在的A1：E2单元格区域，然后在【开始】选项卡的【对齐方式】组中单击【垂直居中】和【居中】选项。

03 在【对齐方式】组中单击 按钮，打开【设置单元格格式】对话框。选中【合并单元格】复选框，单击【确定】按钮。

04 选中A1：E8单元格区域，在【单元格】组中单击【格式】按钮，在弹出的下拉列表中选中【自动调整列宽】选项。

05 在【开始】选项卡的【对齐方式】组中单击【居中】按钮 。

06 选中A1单元格，在【开始】选项卡的【字体】组中单击【字体】按钮，在弹出的下拉列表中选中【黑体】选项。

07 在【字体】组中单击【字号】按钮，在弹出的下拉列表中选中16选项。

08 在【字体】组中单击【字体颜色】下拉列表按钮 ，在弹出的下拉列表中选择【紫色】选项。

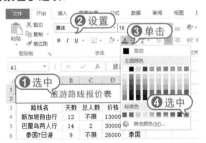

09 在【字体】组中单击【填充颜色】下拉列表按钮 ，在弹出的下拉列表中选中【淡紫，强调文字颜色1】选项。

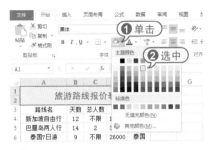

10 选中A3：E3单元格区域，然后在【开始】选项卡的【样式】组中的【单元格样式】列表框中选择一种样式。

11 选中A4：E8单元格区域后，在【开始】选项卡的【样式】组中单击【套用表格样式】下拉列表按钮，在弹出的下拉列表中选中【表样式浅色16】选项。

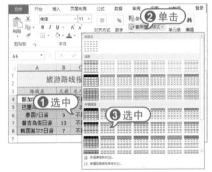

12 选中A1：E8单元格区域，在【开始】选项卡的【字体】组中单击 按钮。

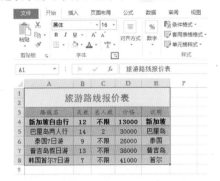

13 在【设置单元格格式】对话框中选

中【边框】选项卡，在【线条】列表框中选中粗线样式。单击【颜色】下拉列表按钮，在弹出的下拉列表中选中【淡紫 强调文字颜色2】选项。然后，单击【外边框】按钮□和【确定】按钮。

14 选中A1单元格，在【样式】组中单击【单元格样式】按钮，在弹出的下拉列表中选中【新建单元格样式】选项。

15 打开【样式】对话框，选中【数字】、【对齐】、【字体】和【填充】复选框，在【样式名】文本框中输入【样式A】，并单击【确定】按钮。

16 选择"国内游"工作表，选中A1：E3单元格区域，在【对齐方式】组中单击【合并后居中】按钮。

17 选中A1单元格，在【样式】组中单击【单元格样式】下拉列表按钮，在弹出的下拉列表中选中【样式A】选项，应用该样式。

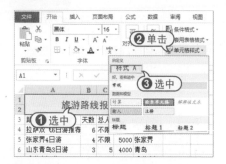

18 选中A3：E10单元格区域，在【开始】选项卡的【单元格】组中单击【格式】按钮，在弹出的下拉列表中选中【自动调整列宽】选项，自动调整单元格列宽。

19 在【样式】组中单击【套用表格格式】下拉列表按钮，在弹出的下拉列表中选中【表样式中等深浅4】选项。

20 打开【套用表格式】对话框，选中【表包含标题】复选框，单击【确定】按钮。

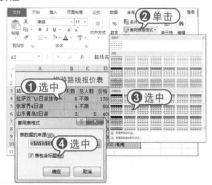

21 选择【数据】选项卡，在【排序和筛选】组中取消【筛选】按钮的选中状态。

22 保持A3：E10区域的选中状态，右击，在弹出的菜单中选中【设置单元格格式】命令。

23 打开【设置单元格格式】对话框，选择【对齐】选项卡，单击【水平对齐】下拉列表按钮，在弹出的下拉列表中选中【居中】选项，单击【确定】按钮。

24 选中A1：E10单元格区域，在【开始】选项卡的【字体】组中单击【边框】按钮⊞▾，在弹出的下拉列表中选择【线条颜色】|【紫色】选项。

25 再次单击【边框】下拉列表按钮⊞▾，在弹出的下拉列表中选中【粗匣框线】选项◻，设置表格的边框。

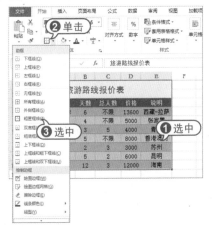

26 单击【文件】按钮，在弹出的菜单中选择【保存】按钮，将工作簿保存。

7.5.2 页边距设置

【例7-15】使用Excel 2013设置"户型销售管理表"工作表的格式。
🎬视频+素材 (光盘素材\第07章\例7-13)

01 打开"户型销售管理表"工作簿，选中A1：A8单元格区域。

02 在【开始】选项卡的【对齐方式】组中单击▭按钮。

03 打开【设置单元格格式】对话框，选择【对齐】选项卡，在【水平对齐】和【垂直对齐】下拉列表中选中【居中】选项，选中【合并单元格】复选框。

04 在【方向】选项区域中单击【文本】按钮，然后单击【确定】按钮。

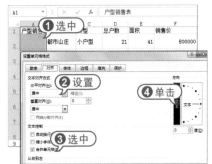

05 此时，工作表中A1：A8单元格区域的效果如下图所示。

	项目名称	类型	总户数	面积	销售价
	都市山庄	小户型	21	41	800000
	东苑城市	电梯公寓	142	70	1650000
户型销售表	紫金别院	电梯公寓	98	80	100000
	南都雅苑	小高层	211	90	1300000
	老友会	小户型	11	31	550000
	华语时代	电梯公寓	32	65	800000
	美树苑	电梯公寓	11	100	2100000

06 在【开始】选项卡的【样式】组中单击【单元格格式】按钮，在弹出的下拉列表中选中【着色1】选项。

07 在【开始】选项卡的【字体】组中单击【字号】按钮，在弹出的下拉列表中选中16选项。单击【字体】按钮，在弹出的下拉列表中选中【黑体】选项。

08 选中B1：H8单元格区域，然后在【开始】选项卡的【样式】组中单击【套用表格格式】按钮，在弹出的下拉列表中选中【表样式浅色11】选项。

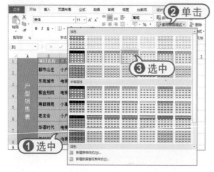

09 选中F2：F8单元格区域，然后选择【开始】选项卡，在【数字】组中单击 按钮。

10 打开【设置单元格格式】对话框，选择【数字】选项卡。

11 在【分类】列表框中选中【货币】选项，在【小数位】文本框中输入0。单击【货币符号】按钮，在弹出的下拉列表中选中¥选项，在【负数】列表框中选中【¥1.234】选项，然后单击【确定】按钮。

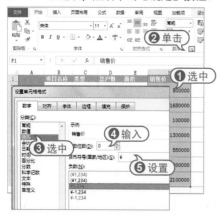

12 选中G2：G8单元格区域，右击，在弹出的菜单中选中【设置单元格格式】命令，打开【设置单元格格式】对话框的【数字】选项卡。

13 在【分类】列表框中选中【百分比】选项，在【小数位数】文本框中输入参数0，然后单击【确定】按钮。

14 选中H2：H8单元格区域，然后按下Ctrl+Shift+%组合键。

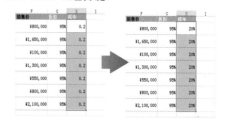

15 选中B2：H8单元格区域，在【开始】选项卡的【单元格】选项区域中单击【格式】下拉列表按钮，在弹出的下拉列表中选中【行高】选项。

16 打开【行高】对话框，在【行高】文本框中输入参数20，单击【确定】按钮。

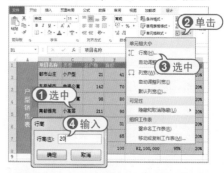

17 在【开始】选项卡的【字体】组中单击 按钮，打开【设置单元格格式】对话框中的【字体】选项卡。

18 在【字号】列表框中选中9选项，单击

【颜色】按钮，在弹出的下拉列表中选中
【绿色 着色6】选项。

19 在【设置单元格格式】对话框中单击
【确定】按钮，单元格区域中字体的效果
将如下图所示。

20 选中A1：H8单元格区域，右击，在弹
出的菜单中选择【设置单元格格式】命令。

21 打开【设置单元格格式】对话框，选
中【边框】选项卡。单击【颜色】按钮，
在弹出的下拉列表中选中【蓝色】选项。
然后单击【外边框】和【内部】按钮。

22 在【设置单元格格式】对话框中单击

【确定】按钮后，选中E2：E8单元格区域。

23 在【开始】选项卡的【样式】组中单
击【条件格式】按钮，在弹出的下拉列表
中选中【数据条】|【绿色数据条】选项。

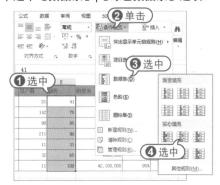

24 使用同样的方法，选中D2：D8单元格
区域并设置显示蓝色数据条。

25 选中B1：H1单元格区域，在【对齐方
式】组中单击【居中】按钮。

26 选择【页面布局】选项卡，在【页
面设置】组中单击按钮，打开【页面设
置】对话框。

27 选择【页面】选项卡，选中【横向】
单选按钮，单击【纸张大小】下拉列表按
钮，在弹出的下拉列表中选中A5选项。

28 选择【页边距】选项卡，在【左】文本框中输入2.8。

29 选择【页眉/页脚】选项卡，单击【自定义页眉】按钮。

30 打开【页眉】对话框，将鼠标指针插入【中】列表框中，单击【插入图片】按钮。

31 返回【页眉】对话框，单击【设置图片格式】按钮。

32 打开【设置图片格式】对话框，在【高度】和【宽度】文本框中输入30%，

然后单击【确定】按钮。

33 返回【页眉】对话框，单击【确定】按钮，返回【页眉设置】对话框。单击【页脚】下拉列表按钮，在弹出的下拉列表中选中【户型销售管理表】选项。

34 在【页眉设置】对话框中单击【确定】按钮。单击【开始】按钮，在弹出的菜单中选中【打印】选项，预览工作表的打印效果，如下图所示。

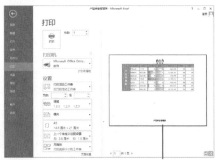

表格页眉和页脚的预览效果

7.6 疑点解答

● 问：如何快速打印Excel文件？

答：如果要快速地打印Excel表格，最简捷的方法是执行【快速打印】命令。具体操作如下。

单击Excel窗口左上方【快速访问工具栏】右侧的下拉按钮，在弹出的下拉列表中选择【快速打印】命令。在【快速访问工具栏】中单击【快速打印】按钮。将鼠标悬停在【快速打印】按钮上，可以显示当前的打印机名称，单击该按钮即可使用当前打印机进行打印。

第8章

Excel数据管理与分析

　　在日常工作中，用户经常需要对Excel中的数据进行管理与分析，将数据按照一定的规律排序、筛选、分类汇总，使数据更加合理地被利用。本章将主要介绍管理与分析数据的常用方法。

8.1 排序表格数据

数据排序是指按一定规则对数据进行整理、排列，这样可以为数据的进一步处理做好准备。Excel 2013提供了多种方法对数据清单进行排序，可以按升序、降序的方式，也可以由用户自定义排序。

8.1.1 按单一条件排序数据

在数据量相对较少(或排序要求简单)的工作簿中，用户可以设置一个条件对数据进行排序处理。

【例8-1】在"进货记录表"工作表中按单一条件排序表格数据。
● 视频 (光盘素材\第08章\例8-1)

01 打开工作表后选中D3：D14单元格区域，然后选择【数据】选项卡，在【排序和筛选】组中单击【升序】按钮。

02 此时，在工作表中显示排序后的数据，即从低到高的顺序重新排列。

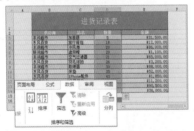

8.1.2 按多个条件排序数据

在Excel中，按多个条件排序数据可以有效避免排序时出现多个数据相同的情况，从而使排序结果符合工作的需要。

【例8-2】在"成绩"工作表中按多个条件排序表格数据。
● 视频 (光盘素材\第08章\例8-2)

01 打开"成绩"工作表后选中B3：E18单元格区域，然后选择【数据】选项卡，单击

【排序和筛选】组中的【排序】按钮。

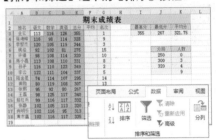

02 在打开的【排序】对话框中单击【主要关键字】按钮，在弹出的下拉列表中选中【语文】选项；单击【排序依据】按钮，在弹出的下拉列表中选中【数值】选项；单击【次序】下拉列表按钮，在弹出的下拉列表中选中【升序】选项。

03 单击【添加条件】按钮，添加次要关键字。单击【次要关键字】按钮，在弹出的下拉列表中选中【数学】选项。单击【排序依据】按钮，在弹出的下拉列表中选中【数值】选项。单击【次序】按钮，在弹出的下拉列表中选中【升序】选项。

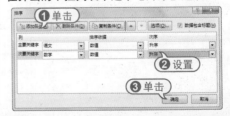

04 完成以上设置后，在【排序】对话框

中单击【确定】按钮，即可按照"语文"和"数学"成绩的"升序"条件排序工作表中选定的数据。

8.1.3 自定义条件排序数据

在Excel中，用户除了可以按单一或多个条件排序数据，还可以根据需要自行设置排序的条件，即自定义条件排序。

【例8-3】在"公司情况"工作表中自定义排序"性别"列数据。
🎬视频 ▶ (光盘素材\第08章\例8-3)

01 打开"公司情况"工作表后选中B4：B18单元格区域。

02 选择【数据】选项卡，单击【排序和筛选】组中的【排序】按钮，并在打开的【排序提醒】对话框中单击【排序】按钮。

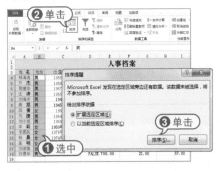

03 在打开的【排序】对话框中单击【主要关键字】下拉列表按钮，在弹出的下拉列表中选中【性别】选项；单击【次序】下拉列表按钮，在弹出的下拉列表中选中【自定义序列】选项。

04 在打开的【自定义序列】对话框的【输入序列】文本框中输入自定义排序条件"男，女"后，单击【添加】按钮，然后单击【确定】按钮。

05 返回【排序】对话框后，在该对话框中单击【确定】按钮，即可完成自定义排序操作。结果如下图所示。

性别列排序结果

8.2 筛选表格数据

筛选是一种用于查找数据清单中数据的快速方法。经过筛选后的数据清单只显示包含指定条件的数据行，以供用户浏览、分析之用。

8.2.1 ▸ 自动筛选数据

使用Excel 2013自带的筛选功能，可以快速筛选表格中的数据。筛选为用户提供了从具有大量记录的数据清单中快速查找符合某种条件记录的功能。使用筛选功能筛选数据时，字段名称将变成一个下拉列表框的框名。

【例8-4】在"成绩"工作表中自动筛选出总分最高的3条记录。
🎬视频▸ (光盘素材\第08章\例8-3)

01 打开"成绩"工作表，选中E3：E18单元格区域。

02 打开【数据】选项卡的【排序和筛选】组，单击【筛选】按钮，进入筛选模式。在E3单元格中显示筛选条件按钮。

03 单击E3单元格中的筛选条件按钮，在弹出的菜单中选中【数字筛选】|【前10项】命令。

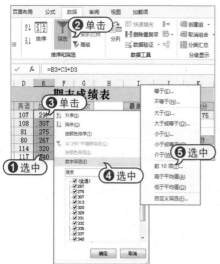

04 在打开的【自动筛选前10个】对话框中单击【显示】下拉列表按钮，在弹出的下拉列表中选中【最大】选项，然后在其后的文本框中输入参数3。

05 完成以上设置后，在【自动筛选前10个】对话框中单击【确定】按钮，即可筛选出"奖金"列中数值最大的3条数据记录。结果如下图所示。

	A	B	C	D	E	F	G	H
1							期末成绩表	
	姓名	语文	数学	英语	总分	平均	名次	
14	王磊	113	116	126	355		1	
16	张静	116	110	123	349		2	
17	肖明乐	120	105	119	344		3	
19								
20								

8.2.2 ▸ 多条件筛选数据

对筛选条件较多的情况，可以使用高级筛选功能来处理。

使用高级筛选功能，必须先建立一个条件区域，用来指定筛选的数据所需满足的条件。条件区域的第一行是所有作为筛选条件的字段名，这些字段名与数据清单中的字段名必须完全一致。条件区域的其他行则是筛选条件。需要注意的是，条件区域和数据清单不能连接，必须用一个空行将其隔开。

【例8-5】在"成绩"工作表中筛选出语文成绩大于100分，数学成绩大于110分的数据记录。
🎬视频▸ (光盘素材\第08章\例8-5)

01 打开"成绩"工作表后，单击【排序和筛选】组中的【高级】按钮。

02 打开【高级筛选】对话框中单击【列表区域】文本框后的 按钮。

03 在工作表中选中A2：G18单元格区域，然后按下Enter键。

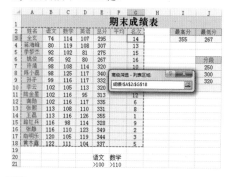

04 返回【高级筛选】对话框后，单击【条件区域】文本框后的 按钮，然后选中E20：G21区域，按下Enter键。

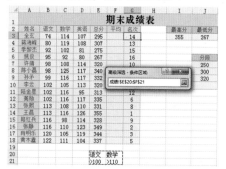

05 返回【高级筛选】对话框，单击【确定】按钮，即可筛选出表格中"语文"成绩大于100分，"数学"成绩大于110分的数据记录。效果如下图所示。

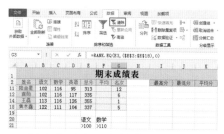

用户在对电子表格中的数据进行筛选或者排序操作后，如果要清除操作，重新显示电子表格的全部内容，可以在【数据】选项卡的【排序和筛选】组中单击【清除】按钮。

8.2.3 筛选不重复值

重复值是用户在处理表格数据时常遇到的问题，使用高级筛选功能可以得到表格中的不重复值(或不重复记录)。

【例8-6】在"成绩表"工作表中筛选出语文成绩不重复的记录。
视频 (光盘素材\第08章\例8-6)

01 打开"成绩"工作表，然后单击【数据】选项卡【排序和筛选】单元格中的【高级】按钮。在打开的【高级筛选】对话框中选中【选择不重复的记录】复选框，然后单击【列表区域】文本框后的 按钮。

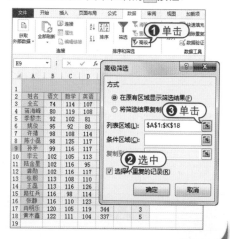

02 选中B3：B18单元格区域，然后按下Enter键。

03 返回【高级筛选】对话框后，单击【确定】按钮，即可筛选出工作表中"语文"成绩不重复的数据记录。

8.2.4 模糊筛选数据

有时，筛选数据的条件可能不够精确，只知道其中某一个字或内容。用户可以用通配符来模糊筛选表格内的数据。

【例8-7】在"成绩"工作表中筛选出姓"张"且名字包含3个字的数据。
视频 (光盘素材\第08章\例8-7)

01 打开"成绩"工作表，然后选中A2：A18单元格区域，并单击【数据】选项卡【排序和筛选】组中的【筛选】按钮，进入筛选模式。

02 单击A2单元格中的筛选条件按钮，在弹出的菜单中选择【文本筛选】|【自定义筛选】命令。

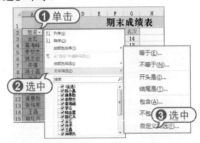

03 在打开的【自定义自动筛选方式】对话框中单击【姓名】下拉列表按钮，在弹出的下拉列表中选中【等于】选项，并在其后的文本框中输入"张??"。

04 单击【确定】按钮，即可筛选出姓名为"张"，且名字包含3个字的数据记录。

8.3 数据分类汇总

分类汇总数据，即在按某一条件对数据进行分类的同时，对同一类别中的数据进行统计运算。分类汇总被广泛应用于财务、统计等领域。用户要灵活掌握其使用方法，需要掌握创建、隐藏、显示以及删除它的方法。

8.3.1 创建分类汇总

Excel 2013可以在数据清单中自动计算分类汇总及总计值。用户只需指定需要进行分类汇总的数据项、待汇总的数值和用于计算的函数(如求和函数)即可。如果使用自动分类汇总，工作表必须组织成具有列标志的数据清单。在创建分类汇总之前，用户必须先根据需要进行分类汇总的数据列对数据清单排序。

【例8-8】在"进货记录表"工作表中将"金额"按供应商分类，并汇总各供应商的进货总金额。
视频 (光盘素材\第08章\例8-8)

01 打开"成绩"工作表，然后选中【供应商】列。选择【数据】选项卡，在【排序和筛选】组中单击【升序】按钮。

02 选择工作表中的任意一个单元格，在【数据】选项卡的【分级显示】组中单击【分类汇总】按钮。

03 在打开的【分类汇总】对话框中单击【分类字段】下拉列表按钮，在弹出的下拉列表中选中【供应商】选项；单击【汇总方式】下拉列表按钮，在弹出的下拉列表中选中【求和】选项；分别选中【替换当前分类汇总】复选框和【汇总结果显示在数据下方】复选框。

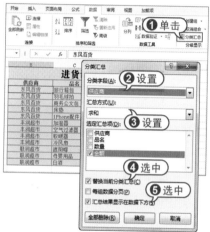

04 在【分类汇总】对话框中单击【确定】按钮，即可查看表格分类汇总后的效果。

知识点滴

建立分类汇总后，如果修改明细数据，汇总数据将会自动更新。

8.3.2 隐藏和删除分类汇总

用户在创建了分类汇总后，为了方便查阅，可以将其中的数据进行隐藏，并根据需要在适当的时候显示出来。

1 隐藏分类汇总

为了方便用户查看数据，可将分类汇总后暂时不需要使用的数据隐藏，从而减小界面的占用空间。当需要查看时，再将其显示。具体方法如下。

01 在【例8-8】创建的工作表中选中B3单元格，然后在【数据】选项卡的【分级显示】组中单击【隐藏明细数据】按钮。

02 此时，将隐藏"东风百货"供应商的详细数据，效果如下。

03 重复以上操作，分别选中B9、B14单元格，隐藏"丰润超市"和"联润超市"供应商的详细记录。

04 选中B8单元格，然后单击【数据】选项卡【分级显示】组中的【显示明细数据】按钮，即可重新显示"东风百货"供应商的详细数据。

2 删除分类汇总

查看完分类汇总后，若用户需要将其删除，恢复原先的工作状态，可以在Excel中删除分类汇总。具体方法如下。

01 在【数据】选项卡中单击【分类汇总】按钮，在打开的【分类汇总】对话框中，单击【全部删除】按钮即可删除表格中的分类汇总。

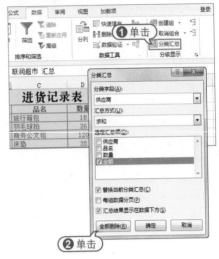

02 此时，表格内容将恢复设置分类汇总前的状态。

8.4 使用数据透视表分析数据

数据透视表允许用户使用特殊的、直接的操作分析Excel表格中的数据。对于创建好的数据透视表，用户可以灵活重组其中的行字段和列字段，从而实现修改表格布局，达到"透视"效果的目的。

数据透视表是用来从Excel数据列表、关系数据库文件或OLAP多维数据集中的特殊字段中总结信息的分析工具。它是一种交互式报表，可以快速分类汇总、比较大量的数据，并可以随时选择其中页、行和列中的不同元素，以达到快速查看源数据的不同统计结果。同时还可以随意显示和打印出指定区域的明细数据。

数据透视表有机地综合了数据排序、筛选、分类汇总等数据分析的优点，可以方便地调整分类汇总的方式，灵活地以多种不同方式展示数据的特征。一张"数据透视表"仅靠鼠标移动字段位置，即可变换出各种类型的报表。同时，数据透视表也是解决函数公式速度瓶颈的手段之一。因此，该工具是最常用、功能最全的Excel数据分析工具之一。

数据透视表是一种对大量数据快速汇总和建立交叉列表的交互式动态表格，能够帮助用户分析、组织数据。例如，计算平均数或标准差、建立列联表、计算百分比、建立新的数据子集等。建好数据透视表后，用户可以对数据透视表重新安排，以便从不同的角度查看数据。数据透视表的名字来源于它具有"透视"表格的能力，从大量看似无关的数据中寻找背后的联系，从而将繁杂的数据转化为由价值的数据。

8.4.1 应用数据透视表

在Excel中，用户要应用数据透视表，首先要学会如何创建它。在实际工作中，为了让数据透视表更美观，更符合工作簿的整体风格，用户还需要掌握设置数据透视表格式的方法，包括设置数据汇总、排序数据透视表、显示与隐藏数据透视表等。

1 创建数据透视表

在Excel 2013中，用户可以参考以下实例所介绍的方法，创建数据透视表。

【例8-9】在"进货记录表"工作表中创建数据透视表。

🎬 视频 ▸ (光盘素材\第08章\例8-9)

01 打开"进货记录表"工作表。选中A2：E14单元格区域，然后选择【插入】选项卡，并单击【表格】命令组中的【数据透视表】按钮。

02 在打开的【创建数据透视表】对话框中选中【现有工作表】单选按钮，然后单击 按钮。

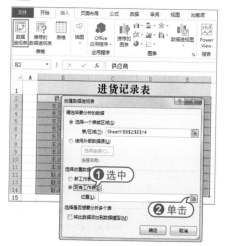

03 单击B16单元格，然后按下Enter键。

04 返回【创建数据透视表】对话框后，

在该对话框中单击【确定】按钮。在显示的【数据透视表字段】窗格中，选中需要在数据透视表中显示的字段。

05 单击工作表中的任意单元格，关闭【数据透视表字段列表】窗口，完成数据透视表的创建。

2 设置数据汇总

数据透视表中默认的汇总方式为求和汇总。除此之外，还可以手动为其设置求平均值、最大值等汇总方式。具体方法如下。

01 打开【例8-9】创建的工作表，右击数据透视表中的D16单元格，在弹出的菜单中选择【值汇总依据】|【最大值】命令。

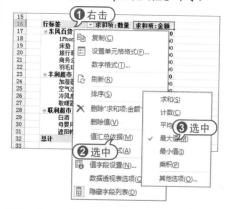

02 此时，数据透视表中的数据将随之发生变化。

行标签	求和项:数量	最大值项:金额
⊟ 东风百货	242	52000
1Phone配件	43	1850
床垫	35	52000
旅行箱包	18	12000
商务公文包	120	36000
羽毛球拍	26	3200

3 隐藏/显示明细数据

当数据透视表中的数据过多时，可能会不利于阅读者查阅。此时，通过隐藏和显示明细数据，可以设置只显示需要的数据。具体方法如下。

01 打开【例8-9】创建的工作表，右击B17单元格，在弹出的菜单中选择【展开/折叠】|【折叠】命令。

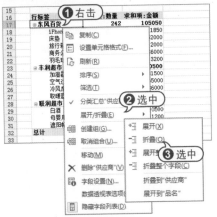

02 此时，即可隐藏数据透视表中相应的明细数据。

03 单击隐藏数据前的 ⊞ 按钮，即可将明细数据重新显示。

4 数据透视表的排序

在Excel中对数据透视表进行排序，将更有利于用户查看其中的数据。具体操作方法如下。

01 选择数据透视表中的B17单元格后，右击，在弹出的菜单中选中【排序】|【其他排序选项】命令。

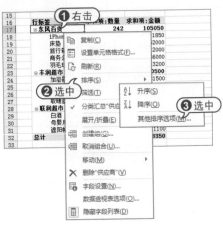

02 打开【排序(供应商)】对话框，选中【升序排序(A到Z)依据】单选按钮，单击该单选按钮下方的下拉按钮，在弹出的下拉列表中选中【求和项：金额】选项。

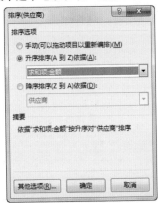

03 单击【确定】按钮，返回工作表后即可看到设置排序后的效果。

单击【数据】选项卡中的【排序和筛选】组中的【排序】按钮，也可以打开【排序】对话框。用户在设置数据表排序时，应注意的是，【排序】对话框中的内容将根据当前所选择的单元格进行调整。

8.4.2 设置数据透视表

据透视表与图表一样，如果用户需要让对其进行外观设置，可以在Excel中，对数据透视表的格式进行调整，方法如下。

01 选中【例8-9】制作的数据透视表，选择【设计】选项卡，单击【数据透视表样式】命令组中的【其他】按钮。

02 在展开的列表框中选中一种数据透视表样式。

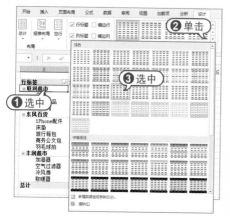

03 此时，即可看到设置后的数据透视表的样式效果。

8.4.3 移动数据透视表

对于已经创建好的数据透视表，不仅可以在当前工作表中移动位置，还可以将其移动到其他工作表中。移动后的数据透视表保留原位置数据透视表的所有属性与设置，不用担心由于移动数据透视表而造成数据出错的故障。

【例8-10】在【进货记录表】工作表中将数据透视表移动到Sheet2工作表中。
📀视频》(光盘素材\第08章\例8-10)

01 继续【例8-9】的操作，选择【数据透视表工具】的【分析】选项卡，在【操作】组中单击【移动数据透视表】按钮。

02 打开【移动数据透视表】对话框，选中【现有工作表】单选按钮，单击【位置】文本框后的 按钮。

03 选择Sheet2工作表的A1单元格，然后按下Enter键。

04 返回【移动数据透视表】对话框后，在该对话框中单击【确定】按钮，即可将数据透视表移动到Sheet2工作表中(而Sheet1工作表中则没有数据透视表)。

8.4.4 使用切片器

切片器是Excel 2013中自带的一个简便的筛选组件，它包含一组按钮。使用切片器可以方便地筛选出数据表中的数据。

1 插入切片器

要在数据透视表中筛选数据，首先需要插入切片器。选中数据透视表中的任意单元格，打开【数据透视表工具】|【分析】选项卡。在【筛选】命令组中，单击【插入切片器】按钮。在打开的【插入切片器】对话框中选中所需字段前面的复选框，单击【确定】按钮，即可显示插入的切片器。

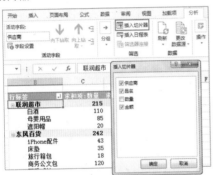

插入的切片器像卡片一样显示在工作表内。在切片器中单击需要筛选的字段，如选择在【金额】切片器里选择65000选项，在【供应商】和【品名】切片器里则会自动选中金额为65000的项目名称，而且在数据透视表中也会显示相应的数据。

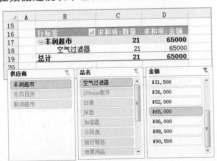

知识点滴

单击筛选器右上角的【清除筛选器】按钮，即可清除对字段的筛选。另外，选中切片器后，将光标移动到切片器边框上，当光标变成形状时进行拖动，可以调节切片器的位置；打开【切片器工具】的【选项】选项卡，在【大小】组中还可以设置切片器的大小。

2 排列切片器

选中切片器，打开【切片器工具】的【选项】选项卡，在【排列】组中单击【对齐】按钮，从弹出的菜单中选择一种排列方式，如选择【垂直居中】对齐方式。此时，切片器将垂直居中显示在数据透视表中。操作界面和效果如下图所示。

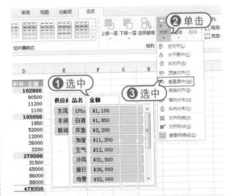

选中某个切片器，在【排列】组中单击【上移一层】和【下移一层】按钮，可以上下移动切片器；或者将切片器置于顶层或底层。按Ctrl键可以选中多个切片器，在切片器内，可以按Ctrl键选中多个字段项进行筛选。

3 设置切片器按钮

切片器中包含多个按钮(即记录或数据)，可以设置按钮大小和排列方式。选中切片器后，打开【切片器工具】的【选项】选项卡，在【按钮】组的【列】微调框中输入按钮的排列方式，在【高度】和【宽度】文本框中输入按钮的高度和宽度。

4 应用切片器样式

Excel 2013提供了多种内置的切片器样式。选中切片器后，打开【切片器工具】的【选项】选项卡。在【切片器样式】组中单击【其他】按钮，从弹出的列表框中选择一种样式，即可快速为切片器应用该样式。

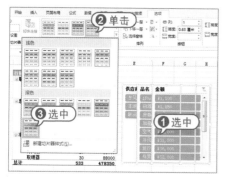

5 详细设置切片器

选中一个切片器后，打开【切片器工具】的【选项】选项卡，在【切片器】组中单击【切片器设置】按钮。

打开【切片器设置】对话框，可以重新设置切片器的名称、排序方式、页眉和标签等。

6 清除与删除切片器

要清除切片器的筛选器可以直接单击切片器右上方的【清除筛选器】按钮；或者右击切片器内，在弹出的快捷菜单中选择【从"(切片器名称)"中清除筛选器】命令，即可清除筛选器。

清除筛选器

金额
¥1,100
¥1,850
¥3,200
¥11,200
¥12,000
¥31,500
¥36,000
¥52,000

要彻底删除切片器，只需在切片器内右击，在弹出的快捷菜单中选择【删除"(切片器名称)"】命令即可。

8.4.5 使用数据透视图

数据透视图是针对数据透视表统计出的数据进行展示的一种手段。下面将通过实例详细介绍创建数据透视图的方法。

1 创建数据透视图

创建数据透视图的方法与创建数据透视表类似，具体如下。

01 选中【例8-9】创建的整个数据透视表，然后选择【分析】选项卡，并单击【工具】组中的【数据透视图】按钮。

02 打开【插入图表】对话框，选中一种数据透视图样式后，单击【确定】按钮。

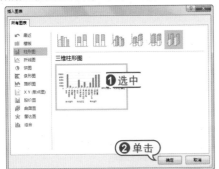

03 返回工作表后，即可看到创建的数据透视图效果。

2 修改数据透视图类型

对于已经创建好的数据透视图，用户可以使用以下方法修改其图表类型。

01 选中创建的数据透视图，选中【设计】选项卡，然后单击【类型】组中的【更改图表类型】按钮。

02 在打开的【更改图表类型】对话框中用户可以根据需要更改图表的类型，完成后单击【确定】按钮。

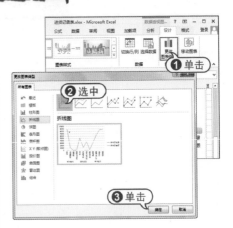

03 此时，数据透视图的类型将被修改。

知识点滴

数据透视图中的数据与数据透视表中的数据是相互关联的。当数据透视表中的数据发生变化时，数据透视图中也会发生相应的改变。

3 修改显示项目

用户可以参考下面介绍的方法修改数据透视图的显示项目。

01 选中并右击工作表中插入的数据透视图，然后在弹出的菜单中选中【显示字段列表】命令。

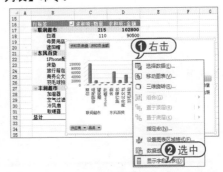

02 在显示的【数据透视图字段】窗格中的【选择要添加到报表的字段】列表框中，用户可以根据需要，选择在图表中显

示的图例。

03 单击【地区】选项后的▼按钮，在弹

出的菜单中，设置图表中显示的项目。

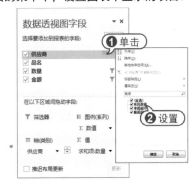

8.5 使用图表分析数据

为了能更加直观地表达电子表格中的数据，用户可将数据以图表的形式来表示。因此，图表在表格数据分析中同样具有极其重要的作用。

在Excel 2013中，图表通常有两种存在方式：一种是嵌入式图表；另一种是图表工作表。其中，嵌入式图表就是将图表看作是一个图形对象，并作为工作表的一部分进行保存；图表工作表是工作簿中具有特定工作表名称的独立工作表。在需要独立于工作表数据查看、编辑庞大而复杂的图表或需要节省工作表上的屏幕空间时，就可以使用图表工作表。无论是建立哪一种图表，创建图表的依据都是工作表中的数据。当工作表中的数据发生变化时，图表便会随之更新。

图表的基本结构包括：图表区、绘图区、图表标题、数据系列、网格线、图例等。

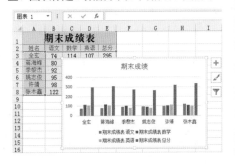

图表各组成部分如下。

🔘 图表区：在Excel 2013中，图表区指的是包含绘制的整张图表及图表中元素的区域。如果要复制或移动图表，必须先选定图表区。

🔘 绘图区：图表中的整个绘制区域。二维图表和三维图表的绘图区有所区别。在二维图表中，绘图区是以坐标轴为界并包括全部数据系列的区域；而在三维图表中，绘图区是以坐标轴为界并包含数据系列、分类名称、刻度线和坐标轴标题的区域。

🔘 图表标题：图表标题在图表中起到说明的作用，是图表性质的大致概括和内容总结，它相当于一篇文章的标题并可用来定义图表的名称。它可以自动地与坐标轴对齐或居中排列于图表坐标轴的外侧。

🔘 数据系列：在Excel中数据系列又称为分类。它指的是图表上的一组相关数据点。在Excel 2013图表中，每个数据系列都用不同的颜色和图案加以区别。每一个数据系列分别来自于工作表的某一行或某一列。在同一张图表中(除了饼图外)可以绘制多个数据系列。

🔹 **网格线**：和坐标纸类似，网格线是图表中从坐标轴刻度线延伸并贯穿整个绘图区的可选线条系列。网格线的形式有水平、垂直、主要、次要等类型，还可以对它们进行组合。网格线使得对图表中的数据进行观察和估计更为准确和方便。

🔹 **图例**：在图表中，图例是包围图例项和图例项标示的方框。每个图例项左边的图例项标示和图表中相应数据系列的颜色与图案相一致。

🔹 **数轴标题**：用于标记分类轴和数值轴的名称，在Excel 2013默认设置下其位于图表的下面和左面。

🔹 **图表标签**：用于在工作簿中切换图表工作表与其他工作表，可以根据需要修改图表标签的名称。

Excel 2013提供了多种图表，如柱形图、折线图、饼图、条形图、面积图和散点图等。各种图表各有优点，适用于不同的场合。

🔹 **柱形图**：可直观地对数据进行对比分析以得出结果。在Excel 2013中，柱形图又可细分为二维柱形图、三维柱形图、圆柱图、圆锥图以及棱锥图。如下图所示为三维柱形图。

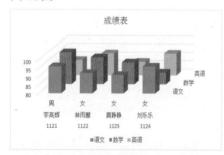

🔹 **饼图**：能直观地显示数据占有比例，而且比较美观。在Excel 2013中，饼图又可分为二维饼图、三维饼图、复合饼图等多种。下图所示为三维饼图。

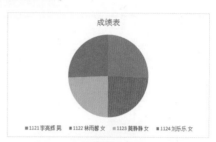

🔹 **折线图**：折线图可直观地显示数据的走势情况。在Excel 2013中，折线图又分为二维折线图与三维折线图。如下图所示为二维折线图。

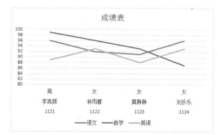

🔹 **条形图**：就是横向的柱形图，其作用也与柱形图相同，可直观地对数据进行对比分析。在Excel 2013中，条形图又可分为簇状条形图、堆积条形图等。

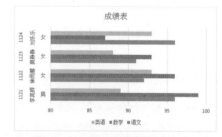

🔹 **面积图**：能直观地显示数据的大小与走势范围。在Excel 2010中，面积图又可分为二维面积图与三维面积图。

🔹 **散点图**：可以直观地显示图表数据点的精确值，以便对图表数据进行统计计算。

8.5.1 创建图表

使用Excel 2013提供的图表向导，可以方便、快速地建立一个标准类型或自定义类型的图表。在图表创建完成后，仍然可以修改其各种属性，以使整个图表更趋于完善。

的【设计】选项卡。

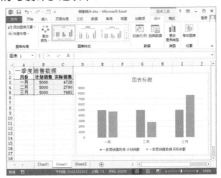

【例8-11】创建"销售统计"工作表，使用图表向导创建图表。

🎦 视频 (光盘素材\第08章\例8-11)

01 创建"销售统计"工作表，然后创建一个数据对比图表。

02 选择【插入】选项卡，在【图表】命令组中单击对话框启动器按钮 ⊡。

03 在【插入图表】对话框中选中【所有图表】选项卡，然后在选项卡左侧的导航窗格中选择图表类型，在右侧的列表框中选择一种图表类型，并单击【确定】按钮。

04 此时，在工作表中创建如下图所示的图表。Excel软件将自动打开【图表工具】

05 双击图表中的一月份"计划销售"数据系列，打开【设置数据点格式】窗格。选择【填充线条】选项 ⟡，在显示的选项区域展开【填充】选项区域，并选中【无填充】单选按钮。

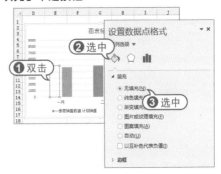

06 在【设置数据点格式】窗格中展开【边框】选项区域，选中【实线】单选按钮，设置实线颜色为【蓝色】。

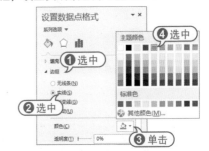

07 选中图表中的一月份、二月份和三月

份"实际销售"数据系列，在【设置数据系列格式】窗格中选择【系列选项】选项 📊。在打开的选项区域中将数据系列设置为【次坐标轴】格式，将【分类间距】设置为300%。

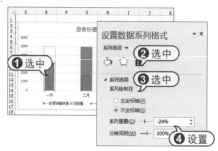

08 重复以上操作，设置图表中的二月份和三月份"计划销售"数据系列。在【设置数据点格式】窗格中设置数据系列的填充颜色和边框，完成后图表效果如下图所示。

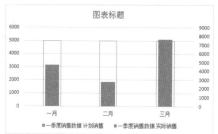

09 右击图表右侧的坐标轴数值，在弹出的菜单中选择【设置坐标轴格式】命令。

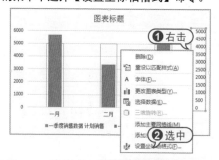

10 在打开的【设置坐标轴格式】窗格中将【边界】的最大值设置为10000。

11 右击图表左侧的坐标轴数值，然后重复步骤9、10的操作，将【边界】的最大值设置为10000。

12 在图表标题栏中输入"一季度销售数据"。选中并右击图表中的【实际销售】数据系列，在弹出的菜单中选择【添加数据标签】|【添加数据标签】命令。

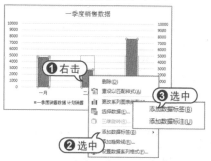

13 此时，图表效果将如下图所示。

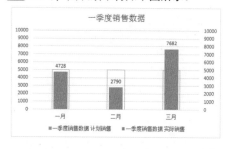

【例8-12】在工作表中创建簇状柱形图，并将柱形图制作成山峰图。

🎬 视频 (光盘素材\第08章\例8-12)

01 打开如下图所示的业绩调查表，在【插入】选项卡的【图表】选项组中，单击【插入柱形图或条形图】按钮，根据数据源插入的默认簇状柱形图。

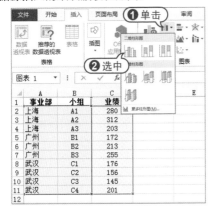

02 此时，将在工作表中插入下图所示的表格。

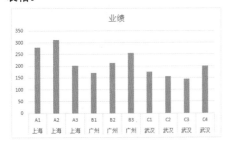

03 将A列表中的事业部名称合并，图表的效果变得更为美观。

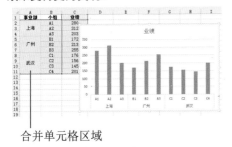

合并单元格区域

04 进一步处理数据源，将C列中的销售业绩数据复制到D、E列中，并输入新的列标题，效果如下图所示。

	A	B	C	D	E
1	事业部	小组	上海事业部	广州事业部	武汉事业部
2	上海	A1	280		
3		A2	312		
4		A3	203		
5	广州	B1		172	
6		B2		213	
7		B3		255	
8	武汉	C1			176
9		C2			156
10		C3			145
11		C4			201
12					

05 重新创建图表，Excel生成柱形图中数据系列的柱子颜色将根据不同事业部显示不同的颜色。

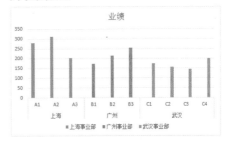

06 选择【插入】选项卡，在【插图】组中单击【形状】下拉按钮，在弹出的下列列表中选择【等腰三角形】选项，在工作表中绘制一个三角形图形。

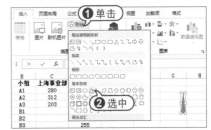

07 右击工作表中的三角形图形，在弹出的菜单中选择【编辑顶点】命令，调整控制柄将三角形顶端的控制点。

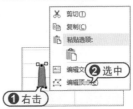

08 按下Ctrl+C组合键复制调整后的图形，然后选中图表中的数据系列，按下Ctrl+V组合键粘贴图形。

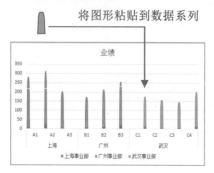

将图形粘贴到数据系列

09 最后，双击数据系列在打开的窗格中调整数据系列的重叠和间距值，即可得到如下图所示的山峰状柱状图。

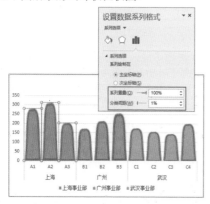

8.5.2 创建组合图表

有时在同一个图表中需要同时使用两种图表类型，即为组合图表，如由柱状图和折线图组成的线柱组合图表。

01 打开包含图表的数据表后，单击图表中表示【语文】的任意一个蓝色柱体，则会选中所有关【语文】的数据柱体。被选中的数据柱体4个角上显示小圆圈符号。

02 在【设计】选项卡的【类型】组中单击【更改图表类型】按钮。打开【更改图表类型】对话框。

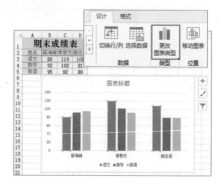

03 选择【组合】选项，在对话框右侧的列表框中单击【语文】按钮，在弹出的列表中选中【带数据标记的折线图】选项。

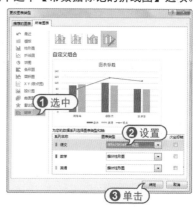

04 单击【确定】按钮，原来【语文】柱体变为折线，完成线柱组合图表。

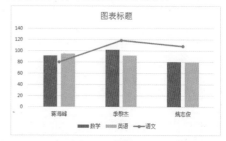

8.5.3 添加图表注释

在创建图表时，为了更加方便理解，有时需要添加注释解释图表内容。图表的注释就是一种浮动的文字，可以使用【文本框】功能来添加。具体方法如下。

01 选择【插入】选项卡，在【文本】组中单击【文本框】下拉按钮，在弹出的下拉列表中选中【横排文本框】选项。

02 在图表中进行拖动，绘制一个横排文本框，并在文本框内输入文字。

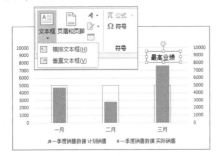

03 当选中图表中绘制的文本框时，用户可以在【格式】选项卡里设置文本框和其中文本的格式。

8.5.4 更改图表类型

如果对插入图表的类型不满意，无法切表现所需要的内容，则可以更改图表的类型。首先选中图表，然后打开【设计】选项卡，在【类型】组中单击【更改图表类型】按钮，打开【更改图表类型】对话框，选择其他类型的图表选项。

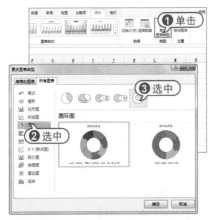

8.5.5 修改图表数据源

在Excel 2013中使用图表时，用户可以通过增加或减少图表数据系列，来控制图表中显示数据的内容。具体方法如下。

01 选中图表，选择【设计】选项卡，在【数据】组中单击【选择数据】选项。

02 打开【选择数据源】对话框，单击【图表数据区域】后面的按钮。

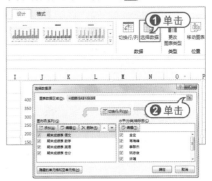

03 返回工作表，选择A2：E5单元格区域，然后按下Enter键。

04 返回【选择数据源】对话框后单击【确定】按钮。此时，数据源发生变化，图表也随之发生变化。

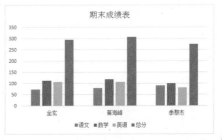

8.5.6 套用图表预设样式和布局

Excel 2013为所有类型的图表预设了多种样式效果。选择【设计】选项卡，在【图表样式】组中单击【图表样式】下拉列表按钮，在弹出的下拉列表中即可为图表套用预设的图表样式。

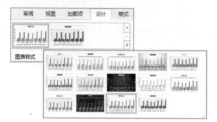

此外，Excel 2013也预设了多种布局效果。选择【设计】选项卡，在【图表布局】组中单击【快速布局】下拉按钮，在弹出的下拉列表中可以为图表套用预设的图表布局。

8.5.7 设置图表标签

选择【设计】选项卡，在【图表布局】组中可以设置图表布局的相关属性，包括设置图表标题、坐标轴标题、图例位置和数据标签显示位置等。

1 设置图表标题

选择【设计】选项卡，在【图表布局】组中可以设置图表布局的相关属性，包括设置图表标题、坐标轴标题、图例位置、数据标签显示位置以及是否显示数据表等。

2 设置图表的图例位置

在【设计】选项卡的【图表布局】组中，单击【添加图表元素】下拉列表按钮，可以打开【图例】子下拉列表。在该下拉列表中可以设置图表图例的显示位置以及是否显示图例。

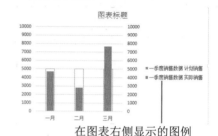

在图表右侧显示的图例

3 设置图表坐标轴的标题

在【设计】选项卡的【图表布局】组中，单击【添加图表元素】下拉列表按钮，在弹出的下拉列表中可以打开【轴标题】子下拉列表。在该下拉列表中可以分别设置横坐标轴标题与纵坐标轴标题。

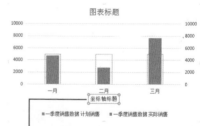

在主要横坐标轴显示标题

4 设置数据标签的显示位置

有些情况下，图表中的形状无法精确表达其所代表的数据，Excel提供的数据标签功能可以很好地解决这个问题。数据标签可以用精确数值显示其对应形状所代表的数据。在【设计】选项卡的【图表布局】组中，单击【添加图表元素】下拉列表按钮，在弹出的下拉类别中可以打开【数据标签】子下拉列表。在该下拉列表中可以设置数据标签在图表中的显示位置。

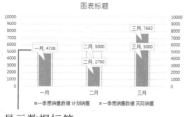

显示数据标签

坐标轴用于显示图表的数据刻度或项目分类，而网格线可以更清晰地了解图表中的数值。在【设计】选项卡的【图表布局】组中，单击【添加图表元素】下拉列表按钮。在弹出的下拉列表中，可以选择【坐标轴】选项，根据需要详细设置图表坐标轴与网格线等属性。

1 设置坐标轴

在【设计】选项卡的【图表布局】组中，单击【添加图表元素】下拉列表按钮，在弹出的下拉列表中选择【坐标轴】选项。在弹出的子下拉列表中可以分别设置横坐标轴与纵坐标轴的格式与分布。

在【坐标轴】子下拉列表中选中【更多轴选项】选项，可以显示【设置坐标轴格式】窗格，在该窗格中可以设置坐标轴的详细参数。

2 设置网格线

在【设计】选项卡的【图表布局】组中，单击【添加图表元素】下拉列表按钮，在弹出的下拉列表中选择【网格线】

选项。在该菜单中可以设置启用或关闭网格线，如下图所示为显示主轴主要水平和垂直网格线。

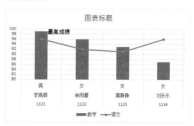

在Excel 2013中，可以为图表设置背景。对于一些三维立体图表还可以设置图表背景墙与基底背景。

1 设置绘图区背景

选中图表后，在【格式】选项卡的【当前所选内容】命令组中单击【图表元素】下拉列表按钮，在弹出的下拉列表中选中【绘图区】选项。单击【设置所选内容格式】按钮，打开【设置绘图区格式】窗格。

选择图表元素

在【设置绘图区格式】窗格中展开【填充】选项组后，选中【纯色填充】单选按钮，单击【填充颜色】按钮 🔲▾，即可在弹出的选项区域中为图表绘图区设置背景颜色。

2 设置三维图表背景

三维图表与二维图表相比多了一个面，因此在设置图表背景的时候需要分别设置图表的背景墙与基底背景。

【例8-13】为图表设置三维图表背景。
📹 视频 (光盘素材\第08章\例8-13)

01 选中工作表中的图表，选择【图表工具】|【设计】选项卡，然后单击【更改图表类型】按钮。

02 打开【更改图表类型】对话框，在【柱形图】列表框中选择【三维柱形图】选项，然后单击【确定】按钮。

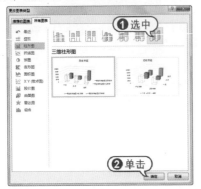

03 此时，原来的柱形图将更改为【三维柱形图】类型。

04 打开【图表工具】的【格式】选项卡，在【当前所选内容】组中单击【图表元素】下拉列表按钮，在弹出的下拉列表中选择【背景墙】选项。

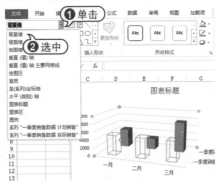

05 在【当前所选内容】组中单击【设置所选内容格式】按钮，打开【设置背景墙格式】窗口。然后在该窗口中展开【填充】选项组，并选中【渐变填充】单选按钮。

06 此时，即可改变工作表中三维簇状柱形图背景墙的颜色。

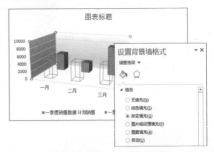

在【设置背景墙格式】窗格的【渐变填充】选项区域中，用户可以设置具体的渐变填充属性参数，包括类型、方向、渐变光圈、颜色、位置和透明度等。

8.5.10 设置图表格式

插入图表后，还可以根据需要自定义设置图表的相关格式，包括图表形状的样式、图表文本样式等，让图表变得更加美观。

1 设置图表中各个元素的样式

在Excel 2013电子表格中插入图表后，可以根据需要调整图表中任意元素的样式，如图表区的样式、绘图区的样式以及数据系列的样式等。

【例8-14】 设置图表中各种元素的样式。
🎬 视频 (光盘素材\第08章\例8-14)

01 选中图表，选择【图表工具】|【格式】选项卡，在【形状样式】命令组中单击【其他】下拉按钮 ，在弹出的【形状样式】下拉列表框中选择一种预设样式。

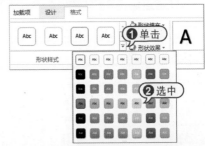

02 返回工作簿窗口，即可查看新设置的图表区样式。

03 选定图表中的【一季度销售数据 实际销售】数据系列。在【格式】选项卡的【形状样式】组中，单击【形状填充】按钮，在弹出的菜单中选择紫色。

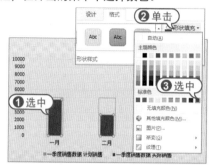

04 返回工作簿窗口，此时【地理】数据系列的形状颜色更改为紫色。

05 在图表中选择垂直轴主要网格线，在【格式】选项卡的【形状样式】组中，单击【其他】按钮，从弹出的列表框中选择一种网格线样式。

06 返回工作簿窗口，即可查看图表网格线的新样式。

2 设置图表中的文本格式

文本是Excel 2013图表不可或缺的元素，如图表标题、坐标轴刻度、图例以及数据标签等元素都是通过文本来表示的。在设置图表时，还可以根据需要设置图表中文本的格式。具体方法如下。

01 在【格式】选项卡的【当前所选内容】命令组中单击【图表元素】下拉按钮，在弹出的下拉列表中选中【图表标题】选项。

02 在出现的【图表标题】文本框中输入图表标题文字"一季度销售统计"。

03 右击输入的图表标题，在弹出的菜单中选中【字体】命令。

04 在打开的【字体】对话框中设置标题文本的格式后，单击【确定】按钮，即可设置图表标题文本的格式。

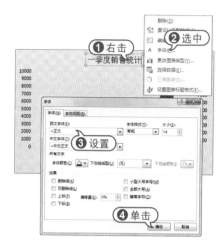

05 使用同样方法可以设置纵坐标轴刻度文本、横坐标文本、图例文本的格式。

8.5.11 添加图表辅助线

在Excel 2013的图表中，可以添加各种辅助线来分析和观察图表数据内容。Excel 2013支持的图表数据的分析功能主要包括趋势线、折线、涨/跌柱线以及误差线等。

1 添加趋势线

趋势线是以图形的方式表示数据系列的变化趋势并对以后的数据进行预测。用户可以在Excel 2013的图表中添加趋势线来帮助分析数据。具体方法如下。

01 选中图表后，在【设计】选项卡的【图表布局】命令组中单击【添加图表元素】下拉列表按钮，在弹出的下拉列表中选中【趋势线】|【其他趋势线选项】选项。

02 在打开的【添加趋势线】对话框中选中【一季度销售数据 实际销售】选项，然后单击【确定】按钮。

03 在打开的【设置趋势线格式】窗格的【趋势线选项】选项区域中设置趋势线参数。此时，在图表上添加了如下图所示的趋势线。

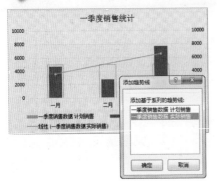

03 右击添加的趋势线，从弹出的快捷菜单中选择【设置趋势线格式】命令。在打开【设置趋势线格式】窗格中可以设置趋势线的各项参数。

2 添加误差线

运用图表进行回归分析时，如果需要表现数据的潜在误差，则可以为图表添加误差线。其操作和添加趋势线的方法相似，具体如下。

01 选中图表中需要添加误差线的数据系列，在【设计】选项卡的【添加图表元素】下拉列表按钮，在弹出的下拉列表中选中【误差线】|【其他误差线选项】选项。

02 打开【设置误差线格式】窗格，然后在该窗格中设置误差线的参数。

03 完成以上设置后，将在图表中添加如下图所示的误差线。

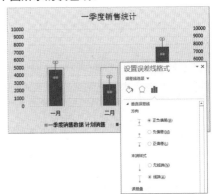

8.6 进阶实战

本章的进阶实战部分将介绍在 Excel中设置动态数据图表的方法。用户可以通过实例操作巩固所学的知识。

【例8-15】使用Excel创建动态数据图表。
🔊视频▶(光盘素材\第08章\例8-15)

01 创建一个名为"销量分析表"的空白工作簿后，在其中输入相应的数据。

02 选中A1：B6单元格区域，在【插入】选项卡的【图表】命令组中单击【插入柱形图】拆分按钮，在弹出的下拉列表中选中【簇状柱形图】选项。

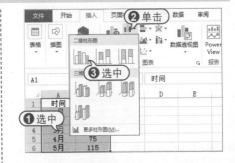

03 此时，将在工作表中插入一个簇状柱形图。选中A1单元格后，选择【公式】选项卡，在【定义的名称】组中单击【名称管理器】选项。

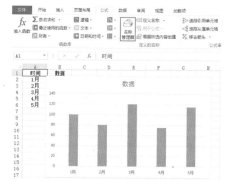

04 在打开的【名称管理器】对话框中单击【新建】按钮。

05 在打开的【新建名称】对话框中的【名称】文本框中输入文本"时间"，然后单击【范围】下拉列表按钮，在弹出的下拉列表中选中Sheet1选项。

06 在【新建名称】对话框的【引用位置】文本框中输入如下公式。

=Sheet1!$A$2:$A$13

然后单击【确定】按钮。

07 返回【名称管理器】对话框后，再次单击【新建】按钮。

08 在打开的【新建名称】对话框的【名称】文本框中输入文本"数据"，单击

【范围】下拉列表按钮，在弹出的下拉列表中选择Sheet1选项，在【引用位置】文本框中输入如下公式。

=OFFSET(Sheet1!$B$1,1,0,COUNT(Sheet1!$B:$B))

单击【确定】按钮，返回【名称管理器】对话框。

09 在【名称管理器】对话框中单击【关闭】按钮。

10 选中工作表中插入的图表，选择【设计】选项卡，在【数据】组中单击【选择数据】按钮。

11 打开【选择数据源】对话框，单击【图例项】选项区域中的【编辑】按钮。

12 打开【编辑数据系列】对话框的【系列值】文本框中输入"=Sheet1!数据"，然后单击【确定】按钮。

13 返回【选择数据源】对话框后，在该对话框的【水平(分类)轴标签】列表框中单击【编辑】按钮。

14 在打开的【轴标签】对话框中的【轴标签区域】文本框中输入"=Sheet1!时间"，然后单击【确定】按钮。

15 返回【选择数据源】对话框后，在该对话框中单击【确定】按钮。此时，在A10单元格中输入文本"9月"，然后按下Enter键。图表的水平轴标签上将添加相应的内容。在B10单元格中输入参数200。

16 此时，在图表中将自动添加相应的内容。效果如下图所示。

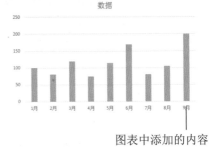

图表中添加的内容

8.7 疑点解答

◆┤ 问：如何将Excel工作表中的单元格区域发布到网页上？

答：在Excel 2013中也可以将单元格区域分发布到网页上。

01 按下F12键打开【另存为】对话框，单击【保存类型】下拉列表按钮，在弹出的下拉列表中选中【网页】选项。

02 单击【发布】按钮，打开【发布为网页】对话框，然后在该对话框中单击【选择】下拉列表按钮，在弹出的下拉列表中选中【单元格区域】选项。

03 单击 按钮，选中工作表中的一个单元格区域，然后按下Enter键。

04 返回【发布为网页】对话框后，单击【发布】按钮即可。

第9章

Excel公式与函数应用

本章将对Excel的公式和常用工作表函数进行详细介绍。通过对本章的学习，用户能够深入了解Excel的常用工作表函数的应用技术，并将其运用到实际工作和学习中，真正发挥Excel在数据计算上的威力。

对应光盘视频

例9-1 使用公式计算学生成绩
例9-2 使用相对引用复制公式
例9-3 使用绝对引用复制公式
例9-4 使用混合引用复制公式
例9-5 使用合并区域引用公式
例9-6 使用交叉引用筛选数据

例9-7 引用其他工作表的数据
例9-8 使用表格与结构化引用
例9-9 使用公式计算平均值
例9-10 编辑工作表中的函数
例9-11 在工作表中创建名称
本章其他视频文件参见配套光盘

9.1 公式与函数应用基础

Excel具有强大的数据计算功能，能够进行比较复杂的数学计算。要实现这些计算，就必须要用到公式和函数。本节主要来介绍在Excel中使用公式和函数的方法。

公式(Formula)是以【=】号为引号，通过运算符按照一定顺序组合进行数据运算和处理的等式。函数则是按特定算法执行计算的产生一个或一组结构的预定义的特殊公式。下面将首先介绍在Excel中输入、编辑、删除、复制与填充公式的方法。

9.1.1 输入公式

在Excel中，当以【=】号作为开始在单元格中输入时，软件将自动切换输入公式状态。以【+】、【-】号作为开始输入时，软件会自动在其前面加上等号并切换输入公式状态。

← 输入

在Excel的公式输入状态下，单击选中其他单元格区域时，被选中区域将作为引用自动输入到公式中。

9.1.2 编辑公式

按下Enter键或者Ctrl+Shift+Enter组合键，可以结束普通公式和数组公式的输入或编辑状态。如果用户需要单元格中的公式进行修改，可以使用以下3种方法。

- 选中公式所在的单元格，然后按下F2键。
- 双击公式所在的单元格。

- 选中公式所在的单元格，单击窗口中的编辑栏。

9.1.3 删除公式

选中公式所在的单元格，按下Delete键可以清除单元格中的全部内容。或者进入单元格剪辑状态后，将光标放置在某个位置并按下Delete键或Backspace键，删除光标后面或前面的公式部分内容。当用户需要删除多个单元格数组公式时，必须选中其所在的全部单元格再按下Delete键。

9.1.4 复制与填充公式

如果用户要在表格中使用相同的计算方法，可以通过【复制】和【粘贴】功能实现操作。此外，还可以根据表格的具体制作要求，使用不同方法在单元格区域中填充公式，以提高工作效率。

【例9-1】使在Excel 2013中使用公式在如下图所示表格的E列中计算学生成绩总分。
🔘 视频

01 在E3单元格中输入以下公式，并按下Enter键。

```
=B3+C3+D3
```

02 采用以下方法，可将E3单元格中的公式应用到计算方法相同的E3：E5区域。

- 使用快捷键：选择E3：E5单元格区域，按下Ctrl+D组合键；或者选择【开始】选项卡，在【编辑】命令组中单击【填充】下拉按钮，在弹出的下拉列表中选择【向下】命令(当需要将公式向右复制时，可以按下Ctrl+R组合键)。

拖动E3单元格右下角的填充柄：将鼠标指针置于单元格右下角，当鼠标指针变为黑色十字时，向下拖动至E5单元格。

双击E3单元格右下角的填充柄：选中E3单元格后，双击该单元格右下角的填充柄。公式将向下填充到其相邻列第一个空白单元格的上一行，即E5单元格。

使用选择性粘贴：选中E3单元格，在【开始】选项卡的【剪贴板】命令组中单击【复制】按钮。或者按下Ctrl+C组合键，然后选择E3：E5单元格区域，在【剪贴板】命令组中单击【粘贴】拆分按钮，在弹出的菜单中选择【公式】命令 fx。

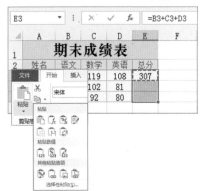

多单元格同时输入：选中E3单元格，按住Shift键，单击所需复制单元格区域的另一个对角单元格E5。然后输入公式，按下Ctrl+Enter组合键，则E3：E5单元格区域中将输入相同的公式。

9.1.5 公式的运算符

运算符用于对公式中的元素进行特定的运算，或者用来连接需要运算的数据对象，并说明进行了哪种公式运算，如加(+)、减(-)、乘(*)、除(/)等。

1 认识运算符

运算符对公式中的元素进行特定类型的运算。Excel 2013中包含了4种运算符类型：算术运算符、比较运算符、文本连接运算符和引用运算符。

算数运算符：如果要完成基本的数学运算，如加法、减法和乘法，连接数据和计算数据结果等，可以使用如下表所示的算术运算符。

运算符	含 义	示 范
+(加号)	加法运算	2+2
-(减号)	减法运算或负数	2-1或-1
*(星号)	乘法运算	2*2
/(正斜线)	除法运算	2/2

比较运算符：使用下表所示的比较运算符可以比较两个值的大小。当用运算符比较两个值时，结果为逻辑值。比较成立则为TRUE，反之则为FALSE，如下表所示。

运算符	含 义	示 范
=(等号)	等于	A1=B1
>(大于号)	大于	A1>B1
<(小于号)	小于	A1<B1
>=(大于等于号)	大于或等于	A1>=B1
<=(小于等于号)	小于或等于	A1<=B1

文本连接运算符：在Excel公式中，使用和号(&)可加入或连接一个或更多文本字符串以产生一串新的文本，如下表所示。

运算符	含 义	示 范
&(和号)	将两个文本值连接或串连起来以产生一个连续的文本值	spuer &man

引用运算符：单元格引用是用于表示单元格在工作表上所处位置的坐标集。例如，显示在第B列和第3行交叉处的单元格，其引用形式为B3。使用如下表所示的引用运算符，可以将单元格区域合并计算。

运算符	含 义	示 范
： (冒号)	区域运算符，产生对包括在两个引用之间的所有单元格的引用	(A5：A15)
，(逗号)	联合运算符，将多个引用合并为一个引用	SUM(A5：A15, C5：C15)
(空格)	交叉运算符，产生对两个引用共有的单元格的引用	(B7：D7, C6：C8)

2 数据比较的原则

在Excel中，数据可以分为文本、数值、逻辑值、错误值等几种类型。其中，文本用一对半角双引号("")所包含的内容表示文本，例如，"Date"是由4个字符组成的文本。日期与时间是数值的特殊表现形式，数值1表示1天。逻辑值只有TRUE和FALSE两个，错误值主要有#VALUE!、#DIV/0!、#NAME?、#N/A、#REF!、#NUM!、#NULL!等几种组成。

除了错误值以外，文本、数值与逻辑值比较时按照以下顺序排列。

> …、-2、-1、0、1、2、 …、A~Z、FALSE、TRUE

即：数值小于文本，文本小于逻辑值，错误值不参与排序。

3 运算符的优先级

如果公式中同时用到多个运算符，Excel将会依照运算符的优先级来依次完成运算。如果公式中包含相同优先级的运算符，如公式中同时包含乘法和除法运算符，则Excel将从左到右进行计算。

如下表所示的是Excel中的运算符优先级。表中，运算符优先级从上到下依次降低。

运算符	含 义
：(冒号) (单个空格) ,(逗号)	引用运算符
−	负号
%	百分比
^	乘幂
* 和 /	乘和除
+ 和 −	加和减
&	连接两个文本字符串
= < > <= >= <>	比较运算符

如果要更改求值的顺序，可以将公式中需要先计算的部分用括号括起来。例如，公式=8+2*4的值是16。因为Excel 2013按先乘除后加减的顺序进行运算，即先将2与4相乘，然后再加上8，得到结果16。若在该公式上添加括号，=(8+2)*4，则Excel 2013先用8加上2，再用结果乘以4，得到结果40。

9.1.6 公式的常量

常量数值用于输入公式中的值和文本。

1 常用参数

公式中可以使用常量进行运算。常量指的是在运算过程中自身不会改变的值，但是公式以及公式产生的结果都不是常量。

- 数值常量：如=(3+9)*5/2。
- 日期常量：如=DATEDIF("2018-10-10",NOW(),"m")。
- 文本常量：如"I Love"&"You"。
- 逻辑值常量：如=VLOOKIP("曹焱兵",A:B,2,FALSE)。
- 错误值常量：如=COUNTIF(A:A,#DIV/0!)。

在公式运算中逻辑值与数值的关系如下。

- 在四则运算及乘幂、开方运算中，TRUE=1，FALSE=0。
- 在逻辑判断中，0=FALSE，所有非0数值=TRUE。
- 在比较运算中，数值<文本<FLASE<TRUE。

文本型数字可以作为数值直接参与四则运算，但当此类数据以数组或者单元格引用的形式作为某些统计函数(如SUM、AVERAGE和COUNT函数等)的参数时，将被视为文本来运算。例如，在A1单元格输入数值1，在A2单元格输入前置单引号的数字"'2"，则对数值1和文本型数字2的运算如下所示。

- =A1+A2：返回结果3(文本"2"参与四则运算被转换为数值)。
- =SUM(A1：A2)：返回结果1(文本"2"在单元格中，视为文本，未被SUM函数统计)。
- =SUM(1，"2")：返回结果1(文本"2"直接作为参数视为数值)。
- =COUNT(1，"2")：返回结果2(文本"2"直接作为参数视为数值)。
- =COUNT({1，"2"})：返回结果1(文本"2"在常量数组中，视为文本，可被COUNTA函数)。
- =COUNTA({1，"2"})：返回结果2(文本"2"在常量数组中，视为文本，可被COUNTA函数统计，但未被COUNT函数统计)。

以公式1和公式2为例介绍公式中的常用常量，这两个公式分别可以返回表格中A列单元格区域最后一个数值和文本型的数据。

公式1：

`=LOOKUP(9E+307,A:A)`

公式2：

`=LOOKUP(" 龥 ",A:A)`

最后一个文本型数据

最后一个数值型数据

在公式1中，9E+307是数值9乘以10的307次方的科学计数法表示形式，也可以写作9E307。根据Excel计算规范限制，在单元格中允许输入的最大值为9.99999999999999E+307，因此采用较为接近限制值且一般不会使用到的一个大数9E+307来简化公式输入，用于在A列中查找最后一个数值。

在公式2中，使用"龥"(yuè)字的原理与9E+307相似，是接近字符集中最大全角字符的单字。此外也常用"座"或者REPT("座",255)来产生遗传"很大"的文本，以查找A列中最后一个数值型数据。

2 数组常量

在Excel中数组(array)是由一个或者多个元素按照行列排列方式组成的集合。这些元素可以是文本、数值、日期、逻辑值或错误值等。数组常量的所有组成元素为常量数据，其中文本必须使用半角双引号将首尾标识出来。具体表示方法为：用一对大括号【{}】将构成数组的常量包括起来，并以半角分号【;】间隔行元素、以半角逗号【,】间隔列元素。

数组常量根据尺寸和方向不同，可以分为一维数组和二维数组。只有1个元素的数组称为单元素数组，只有1行的一维数组又可称为水平数组，只有1列的一维数组又可以称为垂直数组，具有多行多列(包含两行两列)的数组为二维数组，示例如下。

💧 单元格数组：{1}，可以使用=ROW(A1)或者=COLUMN(A1)返回。

💧 一维水平数组：{1,2,3,4,5}，可以使用=COLUMN(A：E)返回。

💧 一维垂直数组：{1;2;3;4;5}，可以使用=ROW(1：5)返回。

💧 二维数组：{0，"不及格";60，"及格";70,"中";80,"良";90,"优"}。

9.1.7 认识单元格引用

Excel工作簿可以由多张工作表组成，单元格是工作表最小的组成元素，由窗口左上角第一个单元格为原点，向下向右分别为行、列坐标的正方向，由此构成的单元格在工作表上所处位置的坐标集合。在公式中使用坐标方式表示单元格在工作中的"地址"实现对存储于单元格中的数据调用，这种方法称为单元格的引用。

1 相对引用

相对引用是通过当前单元格与目标单元格的相对位置来定位引用单元格的。

相对引用包含了当前单元格与公式所在单元格的相对位置。默认设置下，Excel使用的都是相对引用，当改变公式所在单元格的位置时，引用也会随之改变。

【例9-2】通过相对引用将工作表E2单元格中的公式复制到E3：E6单元格区域中。
🎬 视频

01 打开工作表后，在E3单元格中输入如下公式。

    =B3+C3+D3

02 将光标移至单元格E3右下角的控制点 ■，当鼠标指针呈十字状态后，将其拖动至E3：E8区域。

03 释放鼠标，即可将E2单元格中的公式复制到E3：E6单元格区域中。

2 绝对引用

绝对引用就是公式中单元格的精确地址，与包含公式的单元格的位置无关。绝对引用与相对引用的区别在于：复制公式时使用绝对引用，则单元格引用不会发生变化。绝对引用的方法是，在列标和行号前分别加上美元符号$。例如，$B$2表示单元格B2的绝对引用，而$B$2：$E$5表示单元格区域B2：E5的绝对引用。

【例9-3】在工作表中通过绝对引用将工作表E2单元格中的公式复制到E3：E6区域中。🎬 视频

01 打开工作表后，在E3单元格中输入如下公式。

    =$B$3+$C$3+$D$3

02 将光标移至单元格E3右下角的控制点 ■，当鼠标指针呈十字状态后，将其拖动至E4：E8区域。释放鼠标，将会发现在E4：E8区域中显示的引用结果与E3单元格中的结果相同。

E3		:	×	✓	fx	=$B$3+$C$3+$D$3	
⊿	A	B	C	D	E	F	G
1	期末成绩表						
2	姓名	语文	数学	英语	总分		
3	蒋海峰	80	119	108	307		
4	李黎杰	92	102	81	307		
5	姚志俊	95	92	80	307		
6	陆金星	102	116	95	307		
7	龚景勋	102	101	117	307		
8	张悦熙	113	108	110	307		
9							

3 混合引用

混合引用指的是在一个单元格引用中，既有绝对引用，同时也包含有相对引用，即混合引用具有绝对列和相对行，或具有绝对行和相对列。绝对引用列采用 $B1的形式，绝对引用行采用A$1、B$1的形式。如果公式所在单元格的位置改变，则相对引用改变，而绝对引用不变。如果多行或多列地复制公式，相对引用自动调整，而绝对引用不作调整。

【例9-4】将工作表中E3单元格中的公式混合引用到E4：E6单元格区域中。⏵视频▶

01 打开工作表后，在E3单元格中输入如下公式。

=$B3+C$3+D$3

其中，$B3是绝对列和相对行形式，C$3、D$3是绝对行和相对列形式，按下Enter键后即可得到合计数值。

02 将光标移至单元格E3右下角的控制点■，当鼠标指针呈十字状态后，拖动选定E4：E8区域。释放鼠标，混合引用填充公式，此时相对引用地址改变，而绝对引用地址不变，如下图所示。例如，将E3单元格中的公式填充到E4单元格中，公式将调整为如下形式。

=$B4+C$3+D$3

综上所述，如果用户需要在复制公式时能够固定引用某个单元格地址，则需要使用绝对引用符号【$】，加在行号或列号的前面。

在Excel中，用户可以使用F4键在各种引用类型中循环切换。顺序如下。

绝对引用→行绝对列相对引用→行相对列绝对引用→相对引用

以公式"=A2"为例，单元格输入公式后按下F4键，将依次变为如下顺序。

=$A$2 → =A$2 → =$A2 → =A2

4 合并区域引用

Excel除了允许对单个单元格或多个连续的单元格进行引用以外，还支持对同一工作表中不连续单元格区域进行引用，称为"合并区域"引用。用户可以使用联合运算符【,】将各个区域的引用间隔开，并在两端添加半角括号【( )】将其包含在内。具体如下。

【例9-5】通过合并区域引用计算学生成绩排名。⏵视频▶

01 打开工作表后，在F2单元格中输入以下公式，并将其复制到F6单元格。

=RANK(E2,($B$2:$B$6,$E$2:$E$6))

02 选择F2：F6单元格区域，按下Ctrl+C组合键执行【复制】命令。然后选中C2单元格按下Ctrl+V组合键执行【粘贴】命令。

C2				f_x	=RANK (B2, ($B$4:$B$6, $E$2:$E$6))	
	A	B	C	D	E	F
1	姓名	总分	排名	姓名	总分	排名
2	李亮辉	183	6	李 朝	196	3
3	林雨馨	182	7	杜芳芳	182	7
4	莫静静	189	5	刘自建	179	8
5	刘乐乐	183	6	王 颖	193	4
6	杨晓亮	199	1	玲程鹏	197	2
7						
8						

知识点滴

在【例9-5】所用的公式中，($B$4:$B$6,$E$2: $E$6)为合并区域引用。

5 交叉引用

在使用公式时，用户可以利用交叉运算符(单个空格)取得两个单元格区域的交叉区域。具体方法如下。

【例9-6】通过交叉引用筛选鲜花品种"黑王子"在3月份的销量。 视频

◀------

01 打开工作表后，在D7单元格中输入如下公式。

=D:D 3:3

SUM			$\times \checkmark f_x$	=D:D 3:3			
	A	B	C	D	E	F	G	H
1	产品	1月	2月	3月	4月	5月	6月
2	白牡丹	183	213	283	383	283	133
3	黑王子	132	152	382	142	482	242
4	娄卿莲	169	289	219	289	239	139
5	熊童子	113	133	186	323	381	163
6							
7	黑王子3月份的		=D:D 3:3				
8							

02 按下Enter键即可在D7单元格中显示"黑王子"在3月的销量。

在上例所示的公式中，"D：D"代表3月份，"3：3"代表"黑王子"所在的行。空格在这里的作用是引用运算符，分别对两个引用共同的单元格引用。本例为D3单元格。

6 绝对交集引用

在公式中，对单元格区域而不是单元格的引用按照单个单元格进行计算时，

依靠公式所在的从属单元格与引用单元格之间的物理位置，返回交叉点值，称为"绝对交集"引用或者"隐含交叉"引用。如下图所示，D7单元格中包含公式"=G2:G5"，并且未使用数组公式方式编辑公式，在该单元格返回的值为G2。这是因为O2单元格和G2单元格位于同一行。

I2				f_x	=D2:D5				
	A	B	C	D	E	F	G	H	I
1	产品	1月	2月	3月	4月	5月	6月		引用
2	白牡丹	183	213	283	383	283	133		283
3	黑王子	132	152	382	142	482	242		
4	娄卿莲	169	289	219	289	239	139		
5	熊童子	113	133	186	323	381	163		

9.1.8 对工作表和工作簿的引用

本节将介绍在公式中引用当前工作簿中其他工作表和其他工作簿中工作表单元格区域的方法。

1 引用其他工作表中的数据

如果用户需要在公式中引用当前工作簿中其他工作表内的单元格区域，可以在公式编辑状态下，单击相应的工作表标签，切换到该工作表选取需要的单元格区域。

【例9-7】通过跨表引用其他工作表区域，统计学生成绩总分。 视频

◀------

01 在"总分"工作表中选中C2单元格，并输入如下公式。

=SUM(

02 单击"各科成绩"工作表标签，选择C2：E2单元格区域，然后按下Enter键。

03 此时，在编辑栏中将自动在引用前添加工作表名称。

=SUM(各科成绩 !C2:E2)

跨表引用的表示方式为"工作表名+半角感叹号+引用区域"。当所引用的工作表名是以数字开头或者包含空格以及 $、%、~、!、@、^、&、(、)、+、-、=、|、"、;、{、}等特殊字符时，公式中被引用工作表名称将被一对半角单引号包含。例如，将【例8-7】中的"各科成绩"工作表修改为"学生成绩"，则跨表引用公式将变为如下形式。

=SUM(学生成绩 !C2:E2)

在使用INDIRECT函数进行跨表引用时，如果被引用的工作表名称包含空格或者上述字符，需要在工作表名前后加上半角单引号才能正确返回结果。

2 引用其他工作簿中的数据

当用户需要在公式中引用其他工作簿中工作表内的单元格区域时，公式的表示方式将为"[工作簿名称]工作表名!单元格引用"。例如，新建一个工作簿，并对【例9-7】中【各科成绩】工作表内C2：E2单元格区域求和，公式将如下。

=SUM(' [例 9-7.xlsx] 各科成绩 '!$C$2: $E$2)

当被引用单元格所在的工作簿关闭时，公式中将在工作簿名称前自动加上引用工作簿文件的路径。当路径或工作簿名称、工作表名称之一包含空格或相关特殊

字符时，感叹号之前的部分需要使用一对半角单引号包含。

9.1.9 表格与结构化的引用

在Excel 2013中，用户可以在【插入】选项卡的【表格】命令组中单击【表格】按钮；或按下Ctrl+T组合键，创建一个表格。用于组织和分析工作表中的数据。具体操作如下。

【例9-8】 在工作表中使用表格与结构化引用汇总数据。

（视频+素材）(光盘素材\第09章\例9-9)

01 打开工作表后，选中一个单元格区域。按下Ctrl+T组合键打开【创建表】对话框，并单击【确定】按钮。

02 选择表格中的任意单元格，在【设计】选项卡的【属性】命令组中，【表名称】文本框中将默认的【表1】修改为【销售】。

Office 2013电脑办公入门与进阶

03 在【表格样式选项】命令组中，选中【汇总行】复选框。在A6：G6单元格区域将显示【汇总】行，单击B6单元格中的下拉按钮，在弹出的下拉列表中选择【平均值】选项。

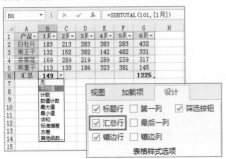

此时，将自动在该单元格中生成如下所示的公式。

=SUBTOTAL(101,[1 月])

在以上公式中使用"[1月]"表示B2：B5区域，并且可以随着"表格"区域的增加与减少自动改变引用范围。这种以类似字段名方式表示单元格区域的方法称为"结构化引用"。

一般情况下，结构化引用包含以下几个元素。

🔵 表名称：例如，在【例9-8】中步骤2设置的"成绩"，可以单独使用表名称来引用除标题行和汇总行以外的"表"区域。

🔵 列标题：例如，在【例9-8】公式中的"[1月]"，用方括号包含，引用的是该列除标题和汇总以外的数据区域。

🔵 表字段：共有[#全部]、[#数据]、[#标题]、[#汇总]这4项。其中，[#全部]引用"表"区域中的全部(含标题行、数据区域和汇总行)单元格。

例如，在【例9-8】创建的"表格"以外的区域中，输入"=SUM("，然后选择B2：G2区域。按下Enter键结束公式编辑后，将自动生成如下图所示的公式。

9.1.10 理解Excel函数

Excel中的函数与公式一样，都可以快速计算数据。公式是由用户自行设计的对单元格进行计算和处理的表达式，而函数则是在Excel中已经被软件定义好的公式。用户在Excel中输入和编辑函数之前，首先应掌握函数的基本知识。

1 函数的结构

在公式中使用函数时，通常由表示公式开始的【=】号、函数名称、左括号、以半角逗号相间隔的参数和右括号构成。此外，公式中允许使用多个函数或计算式，通过运算符进行连接。

= 函数名称 (参数 1, 参数 2, 参数 3,…)

有的函数可以允许多个参数。例如，SUM(A1:A5，C1:C5)使用了2个参数。另外，也有一些函数没有参数或不需要参数，例如，NOW函数、RAND函数等没有参数；ROW函数、COLUMN函数等则可以省略参数返回公式所在的单元格行号、列标号。

函数的参数，可以由数值、日期和文本等元素组成，可以使用常量、数组、单元格引用或其他函数。当使用函数作为另一个函数的参数时，称为函数的嵌套。

2 函数的参数

Excel函数的参数可以是常量、逻辑值、数组、错误值、单元格引用或嵌套函数等(其指定的参数都必须为有效参数值)。其各自的含义如下。

- **常量**：指的是不进行计算且不会发生改变的值。例如，数字100与文本"家庭日常支出情况"都是常量。
- **逻辑值**：逻辑值即TRUE(真值)或FALSE(假值)。
- **数组**：用于建立可生成多个结果或可对在行和列中排列的一组参数进行计算的单个公式。
- **错误值**：即【#N/A】、【空值】或【_】等值。
- **单元格引用**：用于表示单元格在工作表中所处位置的坐标集。
- **嵌套函数**：嵌套函数就是将某个函数或公式作为另一个函数的参数使用。

3 函数的分类

Excel函数包括【自动求和】、【最近使用的函数】、【财务】、【逻辑】、【文本】、【日期和时间】、【查找与引用】、【数学和三角函数】和【其他函数】这9大类的上百个具体函数。每个函数的应用各不相同。常用函数包括SUM(求和)、AVERAGE(计算算术平均数)、ISPMT、IF、HYPERLINK、COUNT、MAX、SIN、SUMIF、PMT。它们的语法和作用说明如下。

- **SUM(number1, number2, …)**：返回单元格区域中所有数值的和。
- **ISPMT(Rate, Per, Nper, Pv)**：返回普通(无提保)的利息偿还。
- **AVERAGE(number1, number2, …)**：计算参数的算术平均数；参数可以是数值或包含数值的名称、数组或引用。
- **IF(Logical_test, Value_if_true, Value_if_false)**：执行真假值判断，根据对指定条件进行逻辑评价的真假而返回不同的结果。
- **HYPERLINK(Link_location, Friendly_name)**：创建快捷方式，以便打开文档、网络驱动器或连接INTERNET。
- **COUNT(value1, value2, …)**：计算数字参数和包含数字的单元格的个数。
- **MAX(number1, number2, …)**：返回一组数值中的最大值。
- **SIN(number)**：返回角度的正弦值。
- **SUMIF(Range, Criteria, Sum_range)**：根据指定条件对若干单元格求和。
- **PMT(Rate, Nper, Pv, Fv, Type)**：返回在固定利率下，投资或贷款的等额分期偿还额。

在常用函数中使用频率最高的是SUM函数。其作用是返回某一单元格区域中所有数字之和。例如，"=SUM(A1:G10)"表示对A1:G10单元格区域内所有数据求和。SUM函数的语法如下。

SUM(number1,number2, ...)

其中，number1, number2, ...为1到30个需要求和的参数。说明如下。

- 直接输入到参数表中的数字、逻辑值及数字的文本表达式将被计算。
- 如果参数为数组或引用，只有其中的数字将被计算。数组或引用中的空白单元格、逻辑值、文本或错误值将被忽略。
- 如果参数为错误值或为不能转换成数字的文本，将会导致错误。

4 函数的易失性

有时，用户打开一个工作簿不做任何编辑就关闭，Excel会提示"是否保存对文档的更改？"。这种情况可能是因为该工作簿中用到了具有Volatile特性的函数，即"易失性函数"。这种特性表现在使用易失性函数后，每激活一个单元格或者在一个单元格输入数据，甚至只是打开工作簿，具有易失性的函数都会自动重新计算。

易失性函数在以下条件下不会引发自动重新计算。

- 工作簿的重新计算模式被设置为【手动计算】。

当在手动设置列宽、行高，而不是通过双击调整为合适列宽时。但隐藏行或设置行高值为0除外。

当设置单元格格式或其他更改显示属性的设置时。

激活单元格或编辑单元格内容，但按Esc键取消。

常见的易失性函数有以下几种。

获取随机数的RAND和RANDBETWEEN函数，每次编辑会自动产生新的随机值。

获取当前日期、时间的TODAY、NOW函数，每次返回当前系统的日期、时间。

返回单元格引用的OFFSET、INDIRECT函数，每次编辑都会重新定位实际的引用区域。

获取单元格信息CELL函数和INFO函数，每次编辑都会刷新相关信息。

知识点滴

此外，SUMF函数与INDEX函数在实际应用中，当公式的引用区域具有不确定性时，每当其他单元格被重新编辑，也会引发工作簿重新计算。

9.1.11 函数输入和编辑

在Excel中，所有函数操作都是在【公式】选项卡的【函数库】选项组中完成的。

【例9-9】在期末考试成绩表中插入求平均值函数。

视频+素材（光盘素材\第09章\例9-9）

01 打开工作表后选取E10单元格，选择【公式】选项卡。在【函数库】选项组中单击【其他函数】下拉列表按钮，在弹出的菜单中选择【统计】| AVERAGE选项。

02 打开【函数参数】对话框，在AVERAGE选项区域的Number1文本框中输入计算平均值的范围。这里输入E3：E8。

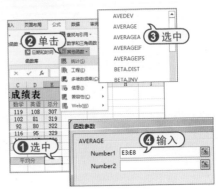

03 在【函数参数】对话框中单击【确定】按钮，即可在E10单元格中显示计算结果。

	A	B	C	D	E	F	G
1			期末成绩表				
2	姓名	语文	数学	英语	总分		
3	蒋海峰	80	119	108	307		
4	季黎杰	92	102	81	319		
5	桃志俊	95	92	80	322		
6	陆金星	102	116	95	329		
7	龚景勋	102	101	117	329		
8	张悦郡	113	108	110	340		
9							
10				平均分	324.3		
11							

E10 的公式为 =AVERAGE(E3:E9)

当插入函数后，还可以将某个公式或函数的返回值作为另一个函数的参数来使用，这就是函数的嵌套使用。使用该功能的方法为：首先插入Excel 2013自带的一种函数，然后通过修改函数的参数来实现函数的嵌套使用。示例如下。

    =SUM(I3:I17)/15/3

用户在运用函数进行计算时，有时会需要对函数进行编辑。编辑函数的方法很简单，下面将通过一个实例详细介绍。

【例9-10】继续【例9-9】的操作，编辑E10单元格中的函数。

视频+素材（光盘素材\第09章\例9-10）

01 打开工作表后选择需要编辑函数的E10单元格，单击【插入函数】按钮 *fx*。

02 在打开的【函数参数】对话框中将 Number1文本框中的单元格地址更改为 E3：E5。

03 单击【确定】按钮后即可在工作表中的E10单元格内看到编辑后的结果。

9.2 使用命名公式——名称

本节将着重点介绍对单元格引用、常量数据、公式进行命名的方法与技巧，帮助用户认识并了解名称的分类和用途，以便合理运用名称解决公式计算中的具体问题。

9.2.1 认识名称

在Excel中，名称(Name)是一种比较特殊的公式，多数由用户自行定义。也有部分名称可以随创建列表、设置打印区域等操作自动产生。

1 名称的概念

作为一种特殊的公式，名称也是以【=】开始，可以由常量数据、常量数组、单元格引用、函数与公式等元素组成。并且每个名称都具有一个唯一的标识，可以方便在其他名称或公式中使用。与一般公式有所不同的是，普通公式存在于单元格中，名称保存在工作簿中。名称在程序运行时存在于Excel的内存中，通过其唯一标识(名称的命名)进行调用。

2 名称的作用

在Excel中合理地使用名称，可以方便编写公式，主要有以下几个作用。

💡 增强公式的可读性：例如，将存放在B4：B7单元格区域的考试成绩定义为"语

文"。使用以下两个公式可以求语文的平均成绩。显然公式1比公式2更易于理解。

公式1：

=AVERAGE(语文)

公式2：

=AVERAGE(B4：B7)

💡 方便公式的统一修改：例如，在工资表中有多个公式都使用2000作为基本工资以乘以不同奖金系数进行计算。当基本工资额发生改变时，要逐个修改相关公式将较为繁琐。如果定义一个【基本工资】的名称并带入到公式中，则只需要修改名称即可。

💡 可替代需要重复使用的公式：在一些比较复杂的公式中，可能需要重复使用相同的公式段进行计算，导致整个公式冗长，不利于阅读和修改，示例如下。

=IF(SUM($B4:$B7)=0,0,G2/ SUM($B4:$B7))

将以上公式中的SUM($B4:$B7)部分定义为"库存",则公式可以简化为如下形式。

=IF(库存 =0,0,G2/ 库存)

💡 可替代单元格区域存储常量数据:在一些查询计算机中,常常使用关系对应表作为查询依据。可使用常量数组定义名称,省去了单元格存储空间,避免删除或修改等误操作导致关系对应表的缺失或者变动。

💡 可解决数据有效性和条件格式中无法使用常量数组、交叉引用问题:在数据有效性和条件格式中使用公式,程序不允许直接使用常量数组或交叉引用(即使用交叉运算符空格获取单元格区域交集)。但可以将常量数组或交叉引用部分定义为名称,然后在数据有效性和条件格式中进行调用。

💡 可以解决工作表中无法使用宏表函数问题:宏表函数不能直接在工作表单元格中使用,必须通过定义名称来调用。

3 名称的级别

有些名称在一个工作簿的所有工作表中都可以直接调用,而有些名称只能在某一个工作表中直接调用。这是由于名称的级别不同,其作用的范围也不同。类似于在VBA代码中定义全局变量和局部变量。Excel的名称可以分为工作簿级名称和工作表级名称。

一般情况下,用户定义的名称都能够在同一工作簿的各个工作表中直接调用,称为"工作簿级名称"或"全局名称"。例如,在工资表中,某公司采用固定基本工资和浮动岗位、奖金系数的薪酬制度。基本工资仅在有关工资政策变化时才进行调整,而岗位系数和奖金系数则变动较为频繁。因此,需要将基本工资定义为名称进行维护。

【例9-11】在"工资表"中创建一个名为"基本工资"的工作簿级名称。
🎬 视频+素材 (光盘素材\第09章\例9-11)

01 打开工作表后,选择【公式】选项卡,在【定义的名称】命令组中单击【定义的名称】下拉按钮,在弹出的列表中选择【定义名称】选项。

02 打开【新建名称】对话框。在【名称】文本框中输入"基本工资",在【引用位置】文本框中输入"=3000",然后单击【确定】按钮。

03 选择E2单元格,在编辑栏中执行以下命令。

= 基本工资 *D2

拖动E2单元格右下角的控制柄,将公式引用至E5单元格。

拖动控制柄引用公式

04 选择E2：E5单元格区域，选择【开始】选项卡，在【剪贴板】命令组中单击【复制】按钮。选择G2：G5单元格区域，单击【粘贴】按钮。

在【新建名称】对话框中，【名称】文本框中的字符表示名称的命名，【范围】下拉列表中可以选择工作簿和具体工作表这两种级别，【引用位置】文本框用于输入名称的值或定义公式。

在公式中调用其他工作簿中的全局名称，表示方法如下。

> 工作簿全名 + 半角感叹号 + 名称

例如，若用户需要调用"工作表.xlsx"中的全局名称"基本工资"，应使用如下公式。

> = 工资表 .xlsx! 基本工资

当名称仅能在某一个工作表中直接调用时，所定义的名称为工作表级名称，又称为"局部名称"。在【新建名称】对话框中，单击【范围】下拉列表，在弹出的下拉列表中可以选择定义工作级名称所适用的工作表。

在公式中调用工作表级名称的表示方法如下。

> 工作表名 + 半角感叹号 + 名称

Excel允许工作表级、工作簿级名称使用相同的命名。当存在同名的工作表级和工作簿级名称时，在工作表级名称所在的工作表中，调用的名称为工作表级名称，在其他工作表中调用的为工作簿名称。

9.2.2 定义名称

本节将介绍在Excel中定义名称的方法和对象。

1 定义名称的方法

Excel提供了以下几种方式打开【新建名称】对话框。

● 选择【公式】选项卡，在【定义的名称】命令组中单击【定义名称】按钮。

● 选择【公式】选项卡，在【定义的名称】命令组中单击【名称管理器】按钮，打开【名称管理器】对话框后单击【新建】按钮。

● 按下Ctrl+F3组合键打开【名称管理器】对话框，然后单击【新建】按钮。

打开下图所示的"工资表"后，选中A2：A5单元格区域。将鼠标指针放置在【名称框】中，将其中的内容修改为编号，并按下Enter键，即可将A2：A5单元格区域定义名称为"编号"。

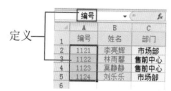

使用【名称框】可以方便地将单元格区域定位为名称，默认为工作簿级名称。若用户需要定义工作表级名称，需要在名称前加工作表名和感叹号，示例如下。

Sheet1! 编号

　　如果用户需要对表格中多行单元格区域按标题、列定义名称，可以使用以下操作方法。

01 选择"工资表"中B1：E5单元格区域，选择【公式】选项卡。在【定义的名称】命令中单击【根据所选内容创建】按钮，或者按下Ctrl+Shift+F3组合键。

02 打开【以选定区域创建名称】对话框。选中【首行】复选框并取消其他复选框的选中状态，然后单击【确定】按钮。

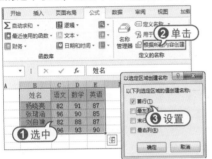

03 选择【公式】选项卡，在【定义的公式】命令组中单击【名称管理器】按钮。打开【名称管理器】对话框，可以看到以【首行】单元格中的内容命名的4个名称。

2　定义名称的对象

　　有些工作表由于需要按照规定的格式，要计算的数据存放在不连续的多个单元格区域中，在公式中直接使用合并区域引用使公式的可读性变弱。此时，可以将其定义为名称来调用。

【例9-12】在降雨量统计表中的H5：H8单元格区域统计最高、最低、平均值，以及降雨天数统计。

视频+素材 (光盘素材\第09章\例9-12)

01 按住Ctrl键，选中B3：B7、D3：D7和F3：F4单元格区域，在名称框中输入"降雨量"，按下Enter键。

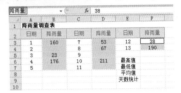

02 在F6单元格中输入如下公式。

=MAX(降雨量)

03 在F7单元格中输入如下公式。

=MIN(降雨量)

04 在F8单元格中输入如下公式。

=AVERAGE(降雨量)

05 在F9单元格中输入如下公式。

=COUNT(降雨量)

06 完成以上公式的执行后，即可在F6：F9单元格区域中得到相应的结果。

　　在名称中使用交叉运算符(单个空格)的方法与在单元格的公式中一样。例如，要定义一个名称"降雨量"，使其引用Sheet1工作表的B3：B7、D3：D7单元格区域。打开【新建名称】对话框，在【引用位置】文本中输入如下公式。

=Sheet1!$B$3:$B$7 Sheet1!$D$3:$D$7

或者单击【引用位置】文本框后的 按钮，选取B3：B7单元格区域，自动将"=Sheet1!$B$3:$B$7"应用到文本框。按下空格键输入一个空格，再通过拖动选取D3：D7单元格区域，单击【确定】按钮退出对话框。

如果用户需要在整个工作簿中多次重复使用相同的常量，如产品利润率、增值税率、基本工资额等，将其定义为一个名称并在公式中使用名称，可以使公式修改、维护变得方便。

【例9-13】在某公司的经营报表中，需要在多个工作表的多处公式中计算应缴税额(3%税率)。当这个税率发生变动时，可以定义一个名称"税率"，以便公式调用和修改。 视频

01 选择【公式】选项卡，在【定义的名称】命令组中单击【定义名称】按钮，打开【新建名称】对话框。

02 在【名称】文本框中输入"税率"，在【引用位置】文本框中输入如下公式。

=3%

03 在【备注】文本框中输入备注内容"税率为3%"然后单击【确定】按钮即可。

在单元格中存储查询所需的常用数据，可能影响工作表的美观。并且会由于误操作(例如，删除行、列操作；或者数据单元格区域选取时不小心按到键盘造成的数据意外修改)导致查询结果的错误。这时，可以在公式中使用常量数组或定义名称，让公式更易于阅读和维护。

【例9-14】某公司销售产品按单批检验的不良率评定质量等级。其标准不良率小于1.5%、5%、10%的分别算特级、优质、一般；达到或超过10%的为劣质。
 视频+素材 (光盘素材\第09章\例9-14)

01 打开工作表后，选择【公式】选项卡。在【定义的名称】命令组中单击【定义名称】按钮，打开【新建名称】对话框。

02 在【名称】文本框中输入"评定"，在【引用位置】文本框中输入以下等号和常量数组。

={0,"特级";1.5,"优质";5,"一般";10,"劣质"}

03 在D3单元格中输入以下公式。

=LOOKUP(C3*100,评定)

其中，C3单元格为百分比数值。因此，需要输入"*100"后查询。

----

04 双击填充柄，向下复制到D7单元格，即可得到如下图所示的结果。

	A	B	C	D	E	F
1	产品一览					
2	编号	产品型号	不良率	等级评定		
3	1	台灯01	1.8%	优质		
4	2	台灯02	11.0%	劣质		
5	3	台灯03	5.2%	一般		
6	4	台灯04	13.3%	劣质		
7	5	台灯05	6.8%	一般		
8						

D3 fx =LOOKUP(C3*100,评定)

3 定义名称的技巧

在名称中通过单击选取方式输入单元格引用时，默认使用带工作表名称的绝对引用方式。例如，单击【引用位置】文本框右侧的按钮，然后单击选择Sheet1工作表中的A1单元格，相当于输入"=Sheet1A$1"。当需要使用相对引用或混合引用时，用户可以通过按下F4键切换。

在单元格中的公式内使用相对引用，是与公式所在单元格的形成相对位置关系；在名称中使用相对引用，则是与定义名称时活动单元格形成相对位置关系。例如，当B1单元格是当前活动单元格时创建名称"降雨量"，定义中使用公式并相对引用A1单元格，则在C1输入"=降雨量"时，是调用B1而不是A1单元格。

默认情况下，在【新建名称】对话框的【引用位置】文本框中使用鼠标指定单元格引用时，将以带工作表名称的完整的绝对引用方式生成定义公式。示例如下。

= 三季度 !A$$1

当需要在不同工作表引用各自表中的某个特定单元格区域，如一季度、二季度等工作表中，也需要引用各自表中的A1单元格时，可以使用"缺省工作表名的单元格引用"方式来定义名称。即：手工删除工作表名但保留感叹号，实现"工作表名"的相对引用。

在名称中对单元格区域的引用，即使

是绝对引用，也可能因为数据所在单元格区域的插入行(列)、删除行(列)、剪切操作等而发生改变，导致名称与实际期望引用的区域不相符。

如下图所示，将单元格D2：D5定义为名称"语文"，默认为绝对引用。将第2行整行剪切后，在第6行执行【插入剪切的单元格】命令，再打开【名称管理器】对话框，就会发现"语文"引用的单元格区域由D2：D5变为D2：D4。

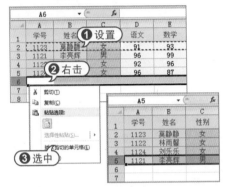

如果用户需要永恒不变地引用"学生成绩表"工作表中的D2：D5单元格区域，可以将名称"语文"的【引用位置】改为如下地址。

=INDIRECT(" 学生成绩表 !D2:D5")

如果希望这个名称能够在各个工作表分别引用各自的D2：D5单元格区域，可以将"语文"的【引用位置】改为如下地址。

=INDIRECT("D2:D5")

9.2.3 管理名称

Excel 2013提供"名称管理器"功能，可以帮助用户方便地进行名称的查询、修改、筛选、删除等操作。

1 名称的修改与标注

在Excel中，选择【公式】选项卡，在【定义的名称】命令组中单击【名称管理

器】按钮；或者按下Ctrl+F3组合键，可以打开【名称管理器】对话框。

在【名称管理器】对话框中选中名称(如"评定")，单击【编辑】按钮，可以打开【编辑名称】对话框。在【名称】文本框中修改名称的命名。

完成名称命名的修改后，在【编辑名称】对话框中单击【确定】按钮，返回【名称管理器】对话框。然后，单击【关闭】按钮即可。

与修改名称的命名操作相同，如果用户需要修改名称的引用位置，可以打开【编辑名称】对话框，在【引用位置】文本框中输入新的引用位置公式即可。

在编辑【引用位置】文本框中的公式时，按下方向键或Home、End。以及使用鼠标单击单元格区域，都会将光标激活的单元格区域以绝对引用方式添加到【引用位置】的公式中。这是由于【引用位置】编辑框在默认状态下是"点选"模式，按下方向键只是对单元格进行操作。按下F2键切换到"编辑"模式，就可以在编辑框的公式中移动光标，修改公式。

如果用户需要将工作表级名称更改为工作簿级名称，可以打开【编辑名称】对话框，复制【引用位置】文本框中的公式。然后单击【名称管理器】对话框中的【新建】按钮，新建一个同名不同级别的名称。最后单击【删除】按钮将旧名称删除。反之，将工作簿级名称修改为工作表级名称也可以使用相同的方法操作。

2 筛选和删除错误名称

当用户不需要使用名称或名称出现错误无法使用时，可以在【名称管理器】对话框中进行筛选和删除操作。具体方法如下。

01 打开【名称管理器】对话框，单击【筛选】下拉按钮，在弹出的下拉列表中选择【有错误的名称】选项。

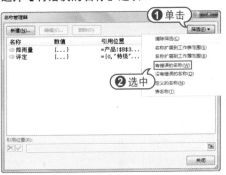

02 此时，在筛选后的名称管理器中，将显示存在错误的名称。选中该名称，单击【删除】按钮，再单击【关闭】按钮即可。

此外，在名称管理器中用户还可以通过筛选，显示工作簿级名称或工作表级名称、定义的名称或表名称。

3 在单元格中查看名称中的公式

在【名称管理器】对话框中，虽然用户也可以查看各名称使用的公式，但受限于对话框，有时并不方便显示整个公式。用户可以将定义的名称全部在单元格中罗列出现。

如下图所示，选择需要显示公式的

单元格，按下F3键或者选择【公式】选项卡，在【定义的名称】命令组中单击【用于公式】下拉按钮，从弹出的下拉列表中选择【粘贴名称】，将以一列名称、一列文本公式形式粘贴到单元格区域中。

9.2.4 使用名称

本节将介绍在实际工作中调用名称的各种方法。

1 在公式中使用名称

当用户需要在单元格的公式中调用名称时，可以选择【公式】选项卡，在【定义的名称】命令组中单击【用于公式】下拉按钮，在弹出的下拉列表中选择相应的名称。也可以在公式编辑状态手动输入，名称也将出现在【公式记忆式键入】列表中。

例如，工作簿中定义了营业税的税率名称为"营业税的税率"。在单元格中输入其开头"营业"或"营"，该名称即可出现在【公式记忆式键入】列表中。

2 在图表中使用名称

Excel支持使用名称来绘制图表，但在制定图表数据源时，必须使用完整名称格式。例如，在名为"降雨量调查表"的工作簿中定义了工作簿级名称"降雨量"。在【编辑数据系列】对话框的【系列值】编辑框中，输入完整的名称格式，即："工作簿名+感叹号+名称"。

= 降雨量调查表 .xlsx! 降雨量

如果直接在上图所示的【系列值】文本框中输入"=降雨量"，将弹出如下图所示的警告对话框。

9.3 常用Excel函数简介

Excel软件提供了多种函数进行计算和应用，如文本处理、日期和时间函数、查找和引用函数等。

9.3.1 文本与逻辑函数

在Excel中进行文本信息处理的函数称为文本函数。逻辑函数在条件判断、验证数据有效性方面有着重要的作用。

1 文本函数

在使用Excel时，常用的文本函数有以下几种。

● CODE函数用于返回文本字符串中第一个字符所对应的数字代码。

● CLEAN函数用于删除文本中含有的当前Windows操作系统无法打印的字符。

LEFT函数用于从指定的字符串中的最左边开始返回指定的字符数。

LEN和LENB函数可以统计字符长度。其中，LEN函数可以对任意单个字符都按1个长度计算，LENB函数对任意单个双字节字符按2个字符长度计算。

直接输入到参数表中的数字、逻辑值及数字的文本表达式将被计算。

MID函数用于从文本字符串中提取指定位置开始的特定数目的字符。

RIGHT函数从字符串的最右端位置提取指定数据的字符。

以下图所示的表格为例，表A列源数据为姓名与电话或手机号码连在一起的文本，在B、C列使用公式将其分离。

B3	▼	fx	=LEFT(A3,LENB(A3)-LEN(A3))			
	A	B	C	D	E	F
1	产品一览					
2	源数据	产品型号	编号			
3	台灯01	台灯	01			
4	台灯02	台灯	02			
5	台灯03	台灯	03			

在B3单元格使用如下公式。

=LEFT(A3,LENB(A3)-LEN(A3))

在C3单元格使用如下公式。

=RIGHT(A3,2*LEN(A3)-LENB(A3))

其中，LENB函数按照每个双字节字符(汉字名称)为2个长度计算，单字节字符按1个长度计算。因此，"LENB(A3)-LEN(A3)"可以求得单元格中双字节字符的个数，"2*LEN(A)-LENB(A3)"则可以求得单元格中单字符字节字符的个数。再使用LEFT、RIGHT函数分别从左、右侧截取相应个数的字符，得到产品型号、编号分类的结果。

2 逻辑函数

在使用Excel时，常用的逻辑函数有以下几种。

AND函数用于对多个逻辑值进行交集运算。

IF函数用于根据对所知条件进行判断，返回不同的结果。

NOT函数数是求反函数，用于对参数的逻辑值求反。

OR函数用于判断逻辑值并集的计算结果。

TRUE函数用于返回逻辑值TRUE。

以下图所示的表格为例，在D3单元格中使用如下公式。

=IF(AND(B3<35,C3=" 工程师 ")," 满足 ","")

或者

=IF((B3<35)*(C3=" 工 程 师 ")," 满 足 ","")

可以判断B3和C3单元格中员工是否为"工程师"职称，并且在35岁以下。

9.3.2 数学与三角函数

在Excel中，软件提供了大量的数学与三角函数，这些函数在用户进行数据统计与数据排序等运算时，起着非常重要的作用。

1 数学函数

在使用Excel时，常用的数学函数有以下几种。

ABS函数用于计算指定数值的绝对值，绝对值是没有符号的。

CEILING函数用于将指定的数值按指定

的条件进行舍入计算。

🔹 EVEN函数用于指定的数值沿绝对值增大方向取整，并返回最接近的偶数。

🔹 EXP函数用于计算指定数值的幂，即返回e的n次幂。

🔹 FACT函数用于计算指定正数的阶乘(阶乘主要用于排列和组合的计算)一个正数n($n \geq 0$)的阶乘等于n*(n-1)*(n-2*⋯*3*2*1)。

🔹 FLOOR函数用于将数值按指定的条件向下舍入计算。

🔹 INT函数用于将数字向下舍入到最接近的整数。

🔹 MOD函数用于返回两个数相除的余数。

🔹 SUM函数用于计算某一单元格区域中所有数字之和。

下面列举几个数学函数的使用方法。

如果需要求数值44除以7的余数，可以使用以下公式。

```
=MOD(44,7)
```

如果要判断数值28的奇偶性，可以使用以下公式。

```
=IF(MOD(28,2)>0," 奇数 "," 偶数 ")
```

如果要对数值17.583，按0.2进行取舍，可使用CEILING函数。

```
=CEILING(17.583,0.2)
```

返回的结果为17.6。

如果使用FLOOR函数对数值17.583进行取舍，可以使用如下公式。

```
=FLOOR(17.583,0.2)
```

返回的结果为17.4。

如果需要在下图所示的3个工作表中统计学生A卷和B卷的考试总分，可以在"总分"工作表中使用如下公式。

```
=SUM('1 单元 :3 单元 '!B:B)
```

和

```
=SUM('1 单元 :3 单元 '!C:C)
```

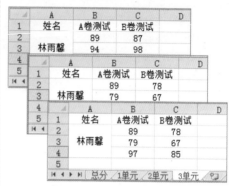

此时，使用SUM函数在3个工作表中统计考试总分的结构如下图所示。

2 三角函数

在使用Excel时，常用的三角函数有以下几种。

🔹 ACOS函数用于返回数字的反余弦值。反余弦值是角度，其余弦值为数字。

🔹 ACOSH函数用于返回数字的反双曲余弦值。

🔹 ASIN函数用于返回参数的反正弦值。

🔹 ASINH函数用于返回参数的反双曲正弦值。

🔹 ATAN函数用于返回参数的反正切值。

🔹 ATAN2函数用于返回给定X以及Y坐标轴的反正切值。

🔹 ATANH函数用于返回参数的反双曲正切值。

🔹 COS函数用于返回指定角度的余弦值。

COSH函数用于返回参数的反双曲余弦值。

DEGREES函数用于将弧度转换为角度。

RADIANS函数用于将角度转换为弧度，与DEGREES函数相对。

SIN函数用于返回指定角度的正弦值。

SINH函数用于返回参数的双曲正弦值。

TAN函数用于返回指定角度的正切值。

TANH函数用于返回参数的双曲正切值。

9.3.3 日期与时间函数

日期函数主要用于日期对象的处理，用来完成转换、返回日期的分析和操作。时间函数用于处理时间对象，用来完成返回时间值、转换时间格式等与时间有关的分析和操作。Excel提供了多种日期和时间函数供用户使用。

1 日期函数

日期函数主要由DATE、DAY、TODAY、MONTH等函数组成。

DATE函数用于将指定的日期转换为日期序列号。

YEAR函数用于返回指定日期所对应的年份。

DAY函数用于返回指定日期所对应的当月天数。

MONTH函数用于计算指定日期所对应的月份，是一个1月~12月之间的整数。

TODAY函数用于返回当前系统的日期。

下面列举几个日期函数的使用方法。

在单元格中使用以下公式，可以生成当前系统日期。

=TODAY()

知识点滴

如果在输入TODAY函数前单元格的格式为【常规】，则结果将默认设为日期格式。除了使用该函数输入当前系统的日期外，还可以使用快捷键来输入。选中单元格后，按Ctrl+; 组合键即可。

如果要在下图所示的第4列中根据A1单元格中的日期返回年份、月份和日期，可以在A4单元格中使用以下公式。

=YEAR(A1)

在B4单元格中使用以下公式。

=MONTH(A1)

在C4单元格中使用以下公式。

=DAY(A1)

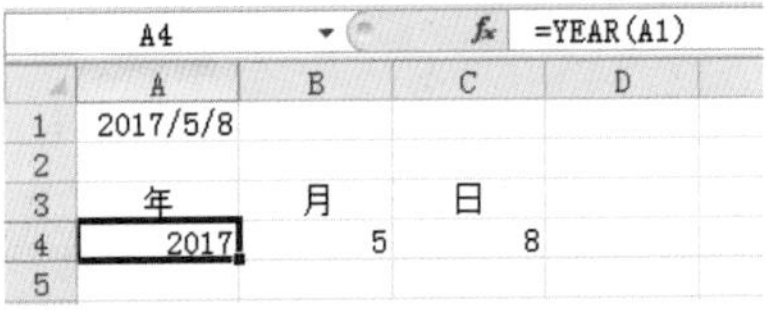

A4		fx	=YEAR(A1)
	A	B	C	D
1	2017/5/8			
2				
3	年	月	日	
4	2017	5	8	
5				

如果要在上图所示的A1单元格中，根据A4、B4和C4单元格中的数据返回具体的是日期，可以使用以下公式。

=DATE(A4,B4,C4)

A1		fx	=DATE(A4,B4,C4)
	A	B	C	D	E
1	2018/11/13				
2					
3	年	月	日		
4	2018	11	13		
5					

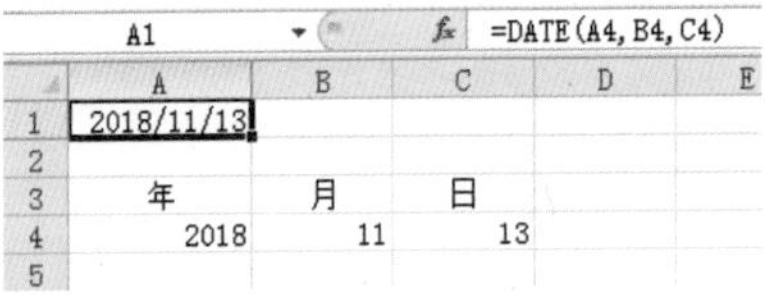

2 时间函数

Excel 提供了多个时间函数，主要由HOUR、MINUTE、SECOND、NOW、

TIME和TIMEVALUE这6个函数组成，用于处理时间对象，完成返回时间值、转换时间格式等与时间有关的分析和操作。

💡 HOUR函数用于返回某一时间值或代表时间的序列数所对应的小时数，其返回值为0(12:00AM)~23(11:00PM)之间的整数。

💡 MINUTE函数用于返回某一时间值或代表时间的序列数所对应的分钟数，其返回值为0~59之间的整数。

💡 NOW函数用于返回计算机系统内部时钟的当前时间。

💡 SECOND函数用于返回某一时间值或代表时间的序列数所对应的秒数，其返回值为0~59之间的整数。

💡 TIME函数用于将指定的小时、分钟和秒合并为时间；或者返回某一特定时间的小数值。

💡 TIMEVALUE函数用于将字符串表示的字符串转换为该时间对应的序列数字(即小数值)，其值为0~0.999999999的数值，代表从0:00:00(12:00:00 AM)~23:59:59(11:59:59 PM)之间的时间。

下面列举几个时间函数的使用方法。

在单元格中使用以下公式，可以生成当前系统日期和时间。

=NOW()

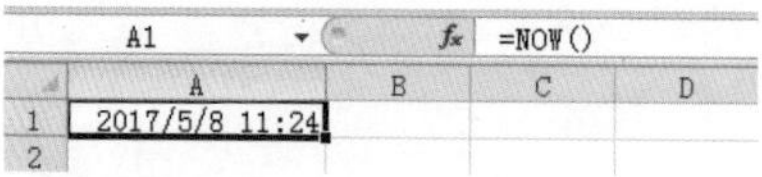

如果要上图B1单元格中计算17个小时候的时间，可以使用以下公式。

="2017/5/8 11:27"+TIME(17,0,0)

如果在上图B1单元格中输入以下公式，则可以显示时间值的小时数。

=HOUR(A1)

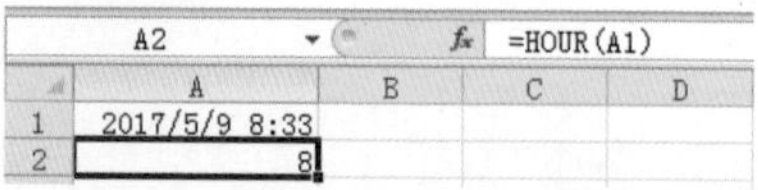

如果在上图B1单元格中输入以下公式，则可以显示时间值的分钟数。

=MINUTE(A1)

9.3.4 财务与统计函数

财务函数是用于进行财务数据计算和处理的函数。统计函数是指对数据区域进行统计计算和分析的函数。使用财务和统计函数可以提高实际财务统计的工作效率。

1 财务函数

财务函数主要分为投资函数、折旧函数、本利函数和回报率函数这4类。它们为财务分析提供了极大的便利。下面介绍几种常用的财务函数。

💡 AMORDEGRC函数用于返回每个会计期间的折旧值。

💡 AMORLINC函数用于返回每个会计期间的折旧值。

💡 DB函数可以使用固定余额递减法计算一笔资产在给定时间内的折旧值。

💡 FV函数可以基于固定利率及等额分期付款方式，返回某项投资的未来值。

以一个投资20 000元的项目为例，预计该项目可以实现的年回报率为8%，3年后可获得的资金总额，可以在下图中的B5单元格中使用以下公式来计算。

=FV(B3,B4,,-B2)

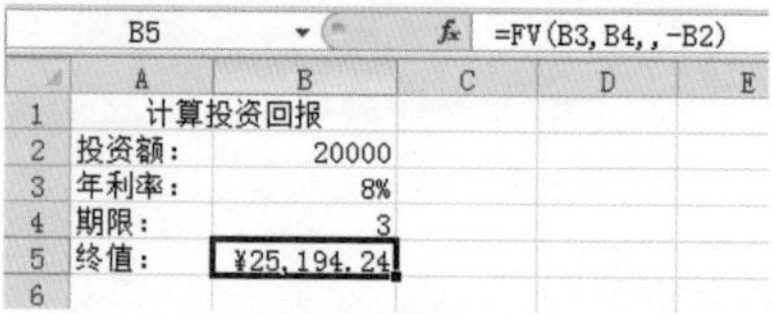

2 统计函数

在使用Excel时，常用的统计函数有以下几种。

🞄 AVEDEV函数用于返回一组数据与其均值的绝对偏差的平均值。该函数可以评测这组数据的离散度。

🞄 COUNT函数用于返回数字参数的个数，即统计数组或单元格区域中含有数字的单元格个数。

🞄 COUNTBLANK函数用于计算指定单元格区域中空白单元格的个数。

🞄 MAX函数用于返回一组值中的最大值。

🞄 MIN函数用于返回一组值中的最小值。

下面列举两个统计函数的使用方法。

以下图所示的考试成绩表为例，如果要统计参加考试的学生人数，可以在B6单元格中使用以下公式。

```
=COUNT(A3:D4)
```

该公式将统计A3：D4区域中包含数字的单元格数量。

如果用户要在上图所示的表格中统计考试成绩最高的分数，可以使用以下公式。

```
=MAX(A3:D4)
```

如果用户要在的表格中统计考试成绩最低的分数，可以使用以下公式。

```
=MIN(A3:D4)
```

9.3.5 查找与引用函数

引用与查询函数式Excel函数中应用相当广泛的一个类别，它并不专用于某个领域，在各种函数中起到连接和组合的作用。引用与查询函数可以将数据根据指定的条件查询出来，再按要求将其放在相应的位置。

1 引用函数

在使用Excel时，常用的引用函数有以下几种。

🞄 ADDRESS函数用于按照给定的行号和列标，建立文本类型的单元格地址。

🞄 COLUMN函数用于返回引用的列标。

🞄 INDIRECT函数用于返回由文本字符串指定的引用。

🞄 ROW函数用于返回引用的行号。

在下图表格的A2：A4区域中使用以下函数，可以生成连续的序号。

```
=ROW(A1)
```

此时，若右击第3行，在弹出的菜单中选择【插入】命令插入新行，原先设置的序号将不会由于行数的变化而混乱。

2 查找函数

在使用Excel时，常用的查找函数有以下几种。

🞄 AREAS函数用于返回引用中包含的区域(连续的单元格区域或某个单元格)个数。

🞄 RTD函数用于从支持COM自动化的程序中检索实时数据。

🞄 CHOOSE函数用于从给定的参数中返回指定的值。

Office 2013电脑办公 入门与进阶

⚫ VLOOKUP和HLOOKUP函数是用户在表格中查找数据时使用频率最高的函数。这两个函数可以实现一些简单的数据查询。例如，从考试成绩表中查询一个学生的姓名；在电话簿中查找某个联系人的电话号码等。

在学生成绩表中的G3单元格中输入以下公式。

=VLOOKUP(G2,$A$1:$D$7,2)

此时，在G2单元格中输入学号，即可在G3单元格中显示学生的姓名，效果如下图所示。

	学号	姓名	语文	数学		数据查找实例	
1							
2	1121	李亮辉	96	99		查询学号	1125
3	1122	林雨馨	92	96		学生姓名	杨晓亮
4	1123	莫静静	91	93			
5	1124	刘乐乐	96	87			
6	1125	杨晓亮	82	91			
7	1126	张瑾瑜	96	90			
8							

9.4 进阶实战

本章的进阶实战部分将介绍在Excel 2013中使用函数计算表格数据的方法。用户可以通过实例操作巩固所学的知识。

9.4.1 统计各部门的人员数

【例9-15】在员工工资表中使用公式统计各部门的人员数。

🎬 视频+素材 (光盘素材\第09章\例9-15)

01 在公司员工工资明细表中，每个员工只会在表内出现1次，因此统计部门人员数量只需按部门名称统计单元格个数即可。

02 在J4单元格中输入以下公式。

=COUNTIF($C$5:$C$13,I4)

03 将J4单元格中的公式复制到J5：J6单元格区域，得到的结果如下图所示。

	A	B	C	D	E	F	G	H	I	
1			员工工资明细表							
2										
3		姓名	部门	基本工资	绩效工资	补贴	实发工资		部门	人数
4									销售部	4
5		林雨馨	销售部	3000	3679	1000	7679		企划部	3
6		莫静静	销售部	3000	4671	1000	8671		设计部	2
7		刘乐乐	销售部	3000	5431	1000	9431			
8		杨晓亮	企划部	3000	3451	1000	7451			
9		张瑞涵	企划部	3000	4456	1000	8456			
10		姚僚玥	销售部	3000	3456	1000	7456			
11		许朝霞	企划部	3000	6531	1000	10531			
12		李娜	设计部	3000	3467	1000	7467			
13		杜芳芳	设计部	3000	5345	1000	9345			
14										

9.4.2 汇总指定商品的月销量

【例9-16】使用公式汇总商品的月销售量。

🎬 视频+素材 (光盘素材\第09章\例9-16)

01 在商品月销量情况统计表中显示了工厂产品的月度销售情况，在F3单元格中输入以下公式。

=SUMIF(B2:B8,$F$2,C2:C8)

02 在F2单元格中输入要查询的商品名称后，结果如下图所示。

	A	B	C	D	E	F	G
1	批次	商品	月销售量		销量统计		
2	A0101	苹果汁	2753		商品	苹果汁	
3	A0102	葡萄汁	1765		销量统计	4781	
4	A0103	葡萄汁	780				
5	A0104	西柚汁	3012				
6	A0105	西柚汁	1102				
7	A0106	苹果汁	631				
8	A0107	苹果汁	1397				
9							

9.4.3 快速实现多表统计

【例9-17】使用公式统计某年级3个班级的学生期末考试成绩。

🎬 视频+素材 (光盘素材\第09章\例9-17)

01 下图所示为一份某年级3个班级学生的期末考试成绩表。如果要统计3个班级参加"语文"考试的总人数，可以在"汇总"工作表的B2单元格中使用以下公式。

200

=COUNT（'1 班 :3 班 '!B:B)

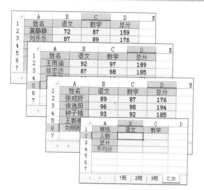

02 若希望统计3个班级中"语文"考试的总分，可以在"汇总"工作表的B3单元格中使用以下公式。

=SUM('1 班 :3 班 '!B:B)

03 若需要统计3个班级中"语文"考试的平均分，则可以在"汇总"工作表的B4单元格中使用以下公式。

=SUM('1 班 :3 班 '!B:B)/COUNT('1 班 :3 班 '!B:B)

或

=AVERAGE('1 班 :3 班 '!B:B)

04 将B列的公式引用至C列，计算结果如下图所示。

9.4.4 计算指定日期的星期值

【例9-18】在表格中计算日期的星期值。

视频+素材 (光盘素材\第09章\例9-18)

视频+素材 (光盘素材\第09章\例9-18)

------

01 在下图所示的表格中的C2单元格中使用以下公式。

=WEEKDAY(A2,2)

当WEEKDAY的第2个参数为2时，表明按我国的习惯来显示星期。即：1为星期一，7为星期日。

02 将C2单元格中的公式引用至C8单元格后，结果如下图所示。

	A	B	C	D	E
				fx	=WEEKDAY(A2,2)
1	日期	星期			
2	2018/9/11	2			
3	2018/9/12	3			
4	2018/9/13	4			
5	2018/9/14	5			
6	2018/9/15	6			
7	2018/9/16	7			
8	2018/9/17	1			

B2 列 : fx =WEEKDAY(A2,2)

9.4.5 计算日期的相差天数

【例9-19】在表格中计算两个日期之间的间隔天数。

视频+素材 (光盘素材\第09章\例9-19)

------

01 在表格的A列输入起始日期，B列输入终止日期，在C3单元格计算实际天数公式如下。

=DATEDIF($A3,$B3,"d")

在C4单元格中输入两个日期直接相减的公式。

=($B4-$A4)

以上两个公式的效果相同。

	A	B	C	D	E
1	计算两个日期相差的天数				
2	起始日期	终止日期	计算天数	忽略年份	忽略月份
3	2018/5/19	2019/7/20	427		
4	2018/9/20	2019/2/21	154		
5					

C3 列 : fx =DATEDIF($A3,$B3,"d")

02 在D3单元格中输入以下公式，可以按忽略年份来计算两个日期相差的天数。

=DATEDIF($A3,$B3,"yd")

03 在E3单元格中输入以下公式，可按忽略年份与月份计算两个日期相差的天数。

=DATEDIF($A3,$B3,"md")

E3		× ✓ fx	=DATEDIF($A3,$B3,"md")		
	A	B	C	D	E	F
1	计算两个日期相差的天数					
2	起始日期	终止日期	计算天数	忽略年份	忽略月份	
3	2018/5/19	2019/7/20	427	62	1	
4	2018/9/20	2019/2/21	154	154	1	
5						

9.4.6 分离姓名与电话号码

【例9-20】在表格中分离单元格中的姓名

与电话号码数据。

视频+素材 (光盘素材\第09章\例9-20)

01 在下图所示的表格中，A列源数据为姓名与电话或手机号码连在一起的文本。在B、C列使用公式可以将其分离。在B3单元格中输入公式1。

=LEFT(A3,LENB(A3)-LEN(A3))

02 在C3单元格中输入公式2。

=RIGHT(A3,2*LEN(A3)-LENB(A3))

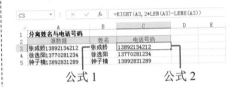

公式1   公式2

9.5 疑点解答

◆ 问：如何使用记忆键在Excel中手动输入函数？

答：在输入公式时使用"公式记忆式键入"功能，可以帮助用户完成公式。在公式编辑模式下，按下Alt+↓组合键可以切换是否启用"公式记忆式键入"功能。也可以单击【文件】按钮，在弹出的菜单中选择【选项】选项，在打开的【Excel选项】对话框的【公式】选项卡中选中【使用公式】区域内的【公式记忆式键入】复选框。然后单击【确定】按钮关闭对话框。当用户在编辑或输入公式时，就会自动显示已输入的字符开头的函数或已定义的名称、"表"名称以及"表"的相关字段名下拉列表。例如，在单元格中输入"=SU"后，Excel将自动显示所有以SU开头的函数、名称或"表"的扩展下拉菜单。通过在扩展下拉列表中移动上、下方向键或鼠标选择不同的函数，其右侧将显示函数功能简介。双击或按下Tab键可将此函数添加到当前的编辑位置，既提高了输入效率，又确保输入函数名称的准确性。

第10章

PPT演示文稿的创建与编辑

从本章开始，将带领用户学习PowerPoint 2013软件的应用方法。PowerPoint是专业的演示文稿制作软件，为用户提供了丰富的背景和配色方案，可用于制作精美的幻灯片。

对应光盘视频

10.1 创建演示文稿

为了满足使用者的需要，PowerPoint提供了多种创建演示文稿的方法，如创建空白演示文稿、利用模板和主题创建演示文稿，以及根据现有内容创建演示文稿等。下面将分别对这些创建方法进行介绍。

10.1.1 创建空白演示文稿

空白演示文稿由带有布局格式的空白幻灯片组成。用户可以在空白的幻灯片上设计出具有鲜明个性的背景色彩、配色方案、文本格式和图片等。创建空白演示文稿的方法包括启动PowerPoint时创建空白演示文稿、使用【文件】按钮创建空白演示文稿和通过快速访问工具栏创建空白演示文稿这3种。

● 启动PowerPoint时创建空白演示文稿：启动PowerPoint 2013后，在打开的软件界面中单击【空白演示文稿】选项，即可创建空白演示文稿。

● 使用【文件】按钮创建空白演示文稿：单击工作界面左上角的【文件】按钮，在弹出的菜单中选择【新建】命令，在打开的选项区域的【可用的模板和主题】列表框中选择【空白演示文稿】选项，单击【创建】按钮。

● 通过快速访问工具栏创建空白演示文稿：单击快速访问工具栏右侧的下拉箭头 ，从弹出的快捷菜单中选择【新建】命令，将【新建】命令按钮添加到快速访问工具栏中，然后单击【新建】按钮 。

【新建】按钮

空白演示文稿是界面中最简单的一种演示文稿，它只有版式。另外，启动PowerPoint 2013后，按Ctrl+N组合键，同样可以快速地创建一个空白演示文稿。

10.1.2 使用模板创建演示文稿

样本模板是PowerPoint自带的模板中的类型。这些模板将演示文稿的样式、风格，包括幻灯片的背景、装饰图案、文字布局及颜色、大小等均预先定义好。用户在设计演示文稿时可以先选择演示文稿的整体风格，再进行进一步的编辑和修改。

【例10-1】在PowerPoint 2013中，根据样本模板创建演示文稿。 视频

01 单击【文件】按钮，从弹出的菜单中选择【新建】命令。在显示选项区域的文本框中输入文本"商业"，然后按下Enter键，搜索相关的模板。

02 在窗口中间的窗格中显示【样本模板】列表框。在其中双击【蓝色书架演示文稿】选项，然后在打开的对话框中单击【创建】按钮。

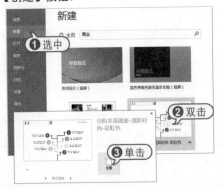

03 此时，该样本模板将被下载并应用在新建的演示文稿中。

10.1.3 根据内容创建演示文稿

如果用户想使用现有演示文稿中的一些内容或风格来设计其他的演示文稿，就可以使用PowerPoint的【根据现有内容新建】功能。这样就能够得到一个和现有演示文稿具有相同内容和风格的新演示文稿。用户只需在原有的基础上进行适当修改即可。

【例10-2】在创建的演示文稿中插入现有幻灯片。●视频》

01 在PowerPoint 2013中打开一个样本模板后，将光标定位在幻灯片的最后位置。在【开始】选项卡的【幻灯片】组中单击【新建幻灯片】按钮▼，在弹出的下拉列表中选择【重用幻灯片】命令。

02 打开【重用幻灯片】任务窗格。单击【浏览】按钮，在弹出的列表中选择【浏览文件】选项。

03 在打开的【浏览】对话框中选择需要使用的现有演示文稿，单击【打开】按钮。

04 此时，【重用幻灯片】任务窗格中显示现有演示文稿中所有可用的幻灯片。在幻灯片列表中单击需要的幻灯片，可以将其插入到指定位置。

10.2 幻灯片的基本操作

幻灯片是演示文稿的重要组成部分。因此，在PowerPoint 2013中需要掌握幻灯片的管理工作，主要包括选择幻灯片、插入幻灯片、移动和复制幻灯片、删除幻灯片，以及隐藏幻灯片等。

10.2.1 选择幻灯片

在PowerPoint 2013中，用户可以选中一张或多张幻灯片，然后对选中的幻灯片进行操作。以下是在普通视图中选择幻灯片的方法。

选择单张幻灯片：无论是在普通视图还是在幻灯片浏览视图下，只需单击需要的幻灯片，即可选中该张幻灯片。

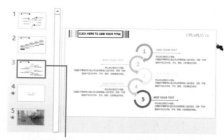

单击选中幻灯片浏览视图中的幻灯片

选择编号相连的多张幻灯片：首先单击起始编号的幻灯片，然后按住Shift键，单击结束编号的幻灯片。此时，两张幻灯片之间的多张幻灯片同时被选中。

选择编号不相连的多张幻灯片：在按住Ctrl键的同时，依次单击需要选择的每张幻灯片，即可同时选中单击的多张幻灯片。在按住Ctrl键的同时再次单击已选中的幻灯片，则取消选择该幻灯片。

选择全部幻灯片：无论是在普通视图还是在幻灯片浏览视图下，按Ctrl+A组合键，即可选中演示文稿中的所有幻灯片。

此外，在幻灯片浏览视图下，用户直接在幻灯片之间的空隙中单击并拖动，此时鼠标经过的幻灯片都将被选中。

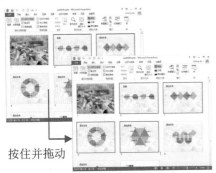

按住并拖动

10.2.2 插入幻灯片

在启动PowerPoint 2013应用程序后，PowerPoint会自动建立一张新的幻灯片。随着制作过程的推进，需要在演示文稿中插入更多的幻灯片。

要插入新幻灯片，可以通过【幻灯片】组插入，也可以通过右击插入，甚至可以通过键盘操作插入。下面将介绍这几种插入幻灯片的方法。

1 通过【幻灯片】组插入

在幻灯片预览窗格中，选择一张幻灯片。打开【开始】选项卡，在功能区的【幻灯片】组中单击【新建幻灯片】按钮，即可插入一张默认版式的幻灯片。当需要应用其他版式时，单击【新建幻灯片】按钮▼，在弹出的版式菜单中选择【标题和内容】选项，即可插入该样式的幻灯片。

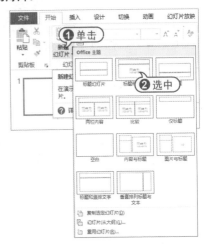

2 通过右键菜单插入

在幻灯片预览窗格中，选择一张幻灯片，右击，从弹出的快捷菜单中选择【新建幻灯片】命令，即可在选择的幻灯片之后插入一张新的幻灯片。

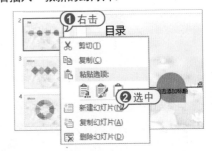

3 通过键盘操作插入

通过键盘操作插入幻灯片的方法是最为快捷的方法。在幻灯片预览窗格中，选择一张幻灯片，然后按Enter键；或按Ctrl+M组合键，即可快速插入一张与选中幻灯片具有相同版式的新幻灯片。

10.2.3 移动和复制幻灯片

在PowerPoint 2013中，用户可以方便地对幻灯片进行移动与复制操作。

1 移动幻灯片

在制作演示文稿时，为了调整幻灯片的播放顺序，此时就需要移动幻灯片。移动幻灯片的方法如下。

01 选中需要复制的幻灯片，在【开始】选项卡的【剪贴板】组中单击【剪切】按钮，或者右击选中的幻灯片，从弹出的快捷菜单中选择【剪切】命令；或者按Ctrl+X快捷键。

02 在需要插入幻灯片的位置单击，然后在【开始】选项卡的【剪贴板】组中单击【粘贴】按钮，或者在目标位置右击，从弹出的快捷菜单中选择【粘贴选项】命令中的选项，或者按Ctrl+V快捷键。

知识点滴

在PowerPoint 2013中，除了可以移动同一个演示文稿中的幻灯片之外，还可以移动不同演示文稿中的幻灯片。方法为：在任意窗口中，打开【视图】选项卡，在【窗口】组中单击【全部重排】按钮，此时系统自动将两个演示文稿显示在一个界面中。然后选择要移动的幻灯片，拖动幻灯片至另一演示文稿中，此时目标位置上将出现一条横线，释放鼠标即可。

2 复制幻灯片

PowerPoint支持以幻灯片为对象的复制操作。在制作演示文稿时，为了使新建的幻灯片与已经建立的幻灯片保持相同的版式和设计风格（即使两张幻灯片内容基本相同），可以利用幻灯片的复制功能。复制出一张相同的幻灯片后，可再对其进行适当的修改。

复制幻灯片的操作方法如下。

选中需要复制的幻灯片，在【开始】选项卡的【剪贴板】组中单击【复制】按钮，或者右击选中的幻灯片，从弹出的快捷菜单中选择【复制】命令；或按Ctrl+C快捷键。

在需要插入幻灯片的位置单击，然后在【开始】选项卡的【剪贴板】组中单击【粘贴】按钮，或者在目标位置右击，从弹出的快捷菜单中选择【粘贴选项】命令中的选项；或者按Ctrl+V快捷键。

除此之外，用户还可以通过拖动的方法复制幻灯片。方法很简单：选择要复制的幻灯片，按住Ctrl键，然后拖动选定的幻灯片；在拖动的过程中，出现一条竖线表示选定幻灯片的新位置；此时释放鼠标，再松开Ctrl键，选择的幻灯片将被复制到目标位置。

10.2.4 删除幻灯片

在演示文稿中删除多余幻灯片是清除大量冗余信息的有效方法。删除幻灯片的方法主要有以下两种。

选择要删除的幻灯片，右击，从弹出的快捷菜单中选择【删除幻灯片】命令。

选择要删除的幻灯片，直接按Delete键，即可删除所选的幻灯片。

10.2.5 隐藏幻灯片

在制作好的演示文稿中，有的幻灯片可能不是每次放映时都需要放映出来，此时就可以将暂时不需要的幻灯片隐藏起来。具体方法如下。

01 在PowerPoint 2013中打开演示文稿后，在幻灯片预览窗口中选中第2张幻灯片缩略图。右击，从弹出的快捷菜单中选择【隐藏幻灯片】命令。

02 此时，即可隐藏选中的幻灯片。在幻灯片预览窗口中隐藏的幻灯片编号上将显示标志。

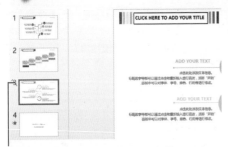

隐藏的幻灯片

10.2.6 使用节管理幻灯片

在PowerPoint 2013中制作大型演示文稿时，用户可以使用节来对幻灯片进行简化管理和导航。此操作可以使演示文稿的结构一目了然。

1 新建节

在PowerPoint 2013中，用户可以使用新增的节功能来组织幻灯片。节功能与使用文件夹组织文件类似，不仅可以跟踪幻灯片组，而且还可以将节分配给其他用户，明确合作期间的所有权。

使用PowerPoint 2013打开演示文稿，选择目标幻灯片，在【开始】选项卡的【幻灯片】组中单击【节】按钮，从弹出的列表中选择【新增节】命令。此时，系统会自动在幻灯片的上方添加一个节标题。

节标题

2 编辑节

成功创建节后选中节，在【幻灯片】组中单击【节】按钮，从弹出的菜单中选择【重命名节】命令，打开【重命名节】对话框。在【节名称】文本框中输入节名称，单击【重命名】按钮，此时即可设置节的名称。

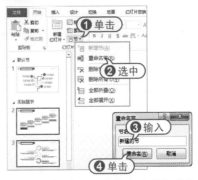

在【幻灯片】组中单击【节】按钮，从弹出的菜单中选择【全部折叠】命令。此时，在左侧的幻灯片缩略图窗口中只显示节名称。

被折叠的节

在【幻灯片】组中单击【节】按钮，从弹出的菜单中选择【全部展开】命令，可以将折叠的节重新展开。

对于多余或无用的节，可以将其删除。在节标题上右击，在弹出的菜单中选择【删除节】命令；或在【幻灯片】组中单击【节】按钮，从弹出的菜单中选择【删除节】命令，即可删除节。

10.3 使用占位符

占位符是包含文字和图形等对象的容器，其本身是构成幻灯片内容的基本对象，具有自己的属性。用户可以对其中的文字进行操作，也可以对占位符本身进行大小调整、移动、复制、粘贴及删除等操作。

10.3.1 选定占位符

要在幻灯片中选中占位符，可以使用如下方法。

● 在文本编辑状态下，单击其边框，即可选中该占位符。

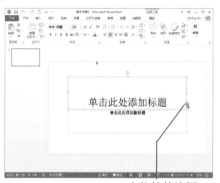

占位符的边框

● 在幻灯片中可以拖动选择占位符。当鼠标指针处在幻灯片的空白处时，单击并拖动。此时将出现一个虚线框。当释放鼠标时，处在虚线框内的占位符都会被选中。

● 在按住键盘上的Shift键或Ctrl键时依次单击多个占位符，可同时选中它们(按住

Shift键和按住Ctrl键的不同之处在于，按住Shift键只能选择一个或多个占位符；而按住Ctrl键时，除了可以同时选中多个占位符外，还可拖动选中的占位符，实现对所选占位符的复制操作)。

占位符的文本编辑状态与选中状态的主要区别是边框的形状，如下图所示。单击占位符内部，在占位符内部出现一个光标，此时占位符处于编辑状态。

知识点滴

打开【开始】选项卡，在功能区的【编辑】组中单击【选择】按钮，从弹出的快捷菜单中选择【选择窗格】命令，打开【选择和可见性】任务窗格。在该窗格中选择相应的占位符，即可选中幻灯片中对应的占位符。

10.3.2 添加占位符文本

占位符文本的输入主要在普通视图中进行，而普通视图分为幻灯片和大纲这两种视图方式。在这两种视图方式中都可以输入文本。

1 在幻灯片视图中输入文本

新建一个空白演示文稿，切换到幻灯

片预览窗格。然后在幻灯片编辑窗格中，单击【单击此处添加标题】占位符内部，进入编辑状态，即可开始输入文本。

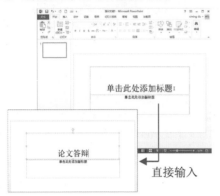

直接输入

2 在大纲视图中输入文本

新建一个空白演示文稿，打开【视图】选项卡。在【演示文稿视图】选项组中单击【大纲视图】选项，切换至大纲窗格。将光标定位在要输入文本的幻灯片图标下，直接输入文本即可。

10.3.3 设置占位符属性

在PowerPoint 2013中，占位符、文本框及自选图形等对象具有相似的属性，如对齐方式、颜色、形状等，设置它们属性操作是相似的。在幻灯片中选中占位符时，功能区将出现【绘图工具】的【格式】选项卡。通过该选项卡中的各个按钮和命令，即可设置占位符的属性。

1 调整占位符

调整占位符主要是指调整其大小。当占

位符处于选中状态时，将鼠标指针移动到占位符右下角的控制点上，此时鼠标指针变为形状。向内拖动，调整到合适大小时释放鼠标即可缩小占位符。

论文

另外，在占位符处于选中状态时，系统自动打开【绘图工具】的【格式】选项卡。在如下图所示的【大小】组的【形状高度】和【形状宽度】文本框中可以精确地设置占位符大小。

知识点滴

当占位符处于选中状态时，将鼠标指针移动到占位符的边框时将显示形状。此时，拖动文本框到目标位置，释放鼠标即可移动占位符。当占位符处于选中状态时，可以通过键盘方向键来移动占位符的位置。使用方向键移动的同时按住Ctrl键，可以实现占位符的微移。

2 旋转占位符

在设置演示文稿时，占位符可以按任意角度旋转。选中占位符，在【格式】选项卡的【排列】组中单击【旋转对象】按钮，在弹出的下拉列表中选择相应选项即可实现按指定角度旋转占位符。

知识点滴

设置占位符旋转的角度，正常为0°。正数表示顺时针旋转，负数表示逆时针旋转。设置负数后，PowerPoint会自动转换为对应的360°之内的数值。此外，通过拖动同样可以旋转占位符：选中占位符后，将光标移至占位符的绿色调整柄上，此时光标变成 🔄 形状，拖动旋转占位符至合适方向即可。

3 对齐占位符

如果一张幻灯片中包含两个或两个以上的占位符，用户可以通过选择相应命令进行左对齐、右对齐、左右居中或横向分布占位符操作。

在幻灯片中选中多个占位符，在【格式】选项卡的【排列】组中单击【对齐对象】按钮。此时在弹出的下拉列表中选择相应选项，即可设置占位符的对齐方式。

【例10-3】 在演示文稿中设置占位符相对于幻灯片窗口左右居中对齐和左对齐。 ▷视频▶

01 按住Ctrl键选中幻灯片中的两个占位符。在【格式】选项卡的【排列】组中单击【对齐】按钮，在弹出的下拉列表中选中【对齐幻灯片】选项。

02 单击【对齐对象】按钮，在弹出的下拉列表中选中【左右居中】选项，对齐

占位符。效果如下图所示。

03 单击【对齐对象】按钮，在弹出的下拉列表中选中【左对齐】选项，对齐占位符的效果如下图所示。

4 设置占位符的形状

占位符的形状设置包括对形状样式、形状填充颜色、形状轮廓和形状效果等的设置。通过设置占位符的形状，可以自定义内部纹理、渐变样式、边框颜色、边框粗细、阴影效果和反射效果等。

【例10-4】 为占位符设置填充颜色、线条参数和形状效果。 ▷视频▶

01 选中幻灯片中的主标题占位符，打开【绘图工具】的【格式】选项卡。在【形状样式】组中单击对话框启动器，打开【设置形状格式】窗格。

02 打开【填充】选项区域，选中【纯色填充】单选按钮。然后单击【颜色】下拉

列表按钮 ，在弹出的下拉列表中选中【其他颜色】选项。

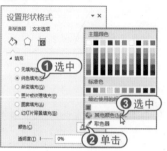

03 打开【颜色】对话框，在【红色】文本框中输入231，在【绿色】文本框中输入78，在【蓝色】文本框中输入62。

04 在【颜色】对话框中单击【确定】按钮后，占位符的颜色填充效果如下图所示。

05 在【设置形状格式】窗格中展开【线条】选项区域，然后在该选项区域中设置占位符边框的线条参数。

06 在【设置形状格式】窗格中选中【效果】选项卡，然后展开【阴影】选项区域。

07 单击【阴影】按钮，在弹出的下拉列表中选中【右下斜偏移】选项。然后在【透明度】、【大小】、【模糊】、【角度】和【距离】文本框中输入阴影参数。

08 完成以上设置后，主标题占位符的效果如下图所示。

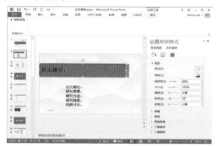

10.3.4 复制、剪切和删除占位符

用户可以对占位符进行复制、剪切、粘贴及删除等基本编辑操作。对占位符的编辑操作与对其他对象的操作相同，选中占位符后，在【开始】选项卡的【剪贴板】组中选择【复制】、【粘贴】及【剪切】等相应选项即可。

在复制或剪切占位符时，会同时复制或剪切占位符中的所有内容和格式，以及占位符的大小和其他属性。

当把复制的占位符粘贴到当前幻灯片时，被粘贴的占位符将位于原占位符的附近；当把复制的占位符粘贴到其他幻灯片时，则被粘贴的占位符的位置将与原占位符在幻灯片中的位置完全相同。

占位符的剪切操作常用来在不同的幻灯片间移动内容。

选中占位符，按Delete键，可以把占位符及其内部的所有内容删除。

10.4 使用文本框

文本框是一种可移动、可调整大小的文字容器，它与文本占位符非常相似。使用文本框可以在幻灯片中放置多个文字块，使文字按照不同的方向排列。也可以突破幻灯片版式的制约，实现在幻灯片中任意位置添加文字信息的目的。

10.4.1 添加文本框

PowerPoint提供了两种形式的文本框：横排文本框和垂直文本框，分别用来放置水平方向的文字和垂直方向的文字。

打开【插入】选项卡，在【文本】组中单击【文本框】按钮下方的下拉箭头，在弹出的下拉菜单中选择【横排文本框】命令。移动鼠标指针到幻灯片的编辑窗口，当鼠标指针形状变为↓形状时，在幻灯片页面中进行拖动，鼠标指针变成十字形状。当拖动到合适大小的矩形框后，释放鼠标完成横排文本框的插入；同样，在【文本】组中单击【文本框】按钮下方的下拉箭头，在弹出的菜单中选择【竖排文本框】命令，拖动即可在幻灯片中绘制竖排文本框。

绘制完文本框后，光标自动定位在文本框内，即可开始输入文本。

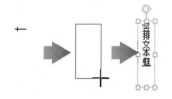

10.4.2 设置文本框属性

在文本框中新输入的文字没有任何格式，需要用户根据演示文稿的实际需要进行设置。文本框上方有一个圆形的旋转控制点，拖动该控制点可以方便地将文本框旋转至任意角度。

【例10-5】在演示文稿中，设置文本框属性。 视频

01 选中幻灯片中的横排文本框，打开【绘图工具】的【格式】选项卡，单击【形状样式】组中的对话框启动器，打开【设置形状格式】窗格。

02 在【填充】选项区域中选中【幻灯片背景填充】单选按钮。

03 选择【效果】选项卡，展开【映像】选项区域。然后设置其中的选项参数，设置文本框效果。

04 完成横排文本框的设置后，选中幻灯片中的竖排文本框。

05 选择【绘图工具】的【格式】选项

卡，在【形状样式】组中单击【形状轮廓】按钮，从弹出的列表中选择【其他轮廓颜色】选项。

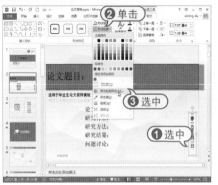

06 打开【颜色】对话框，选择【自定

义】选项卡。设置RGB=0、176、80，单击【确定】按钮。

07 将鼠标指针移动到竖排文本框的边框，待指针变为 形状，拖动文本框到目标位置。释放鼠标，完成文本框的移动操作。此时，竖排文本框效果如下图所示。

调整位置

10.5 编辑幻灯片中的文本

PowerPoint 2013的文本编辑操作主要包括选择、复制、粘贴、剪切、撤销与恢复、查找与替换等。掌握文本的编辑操作是进行文字属性设置的基础。

10.5.1 选取文本

用户在编辑文本之前，首先要选择文本，然后再进行复制、剪切等相关操作。在PowerPoint 2013中，常用的选择方式主要有以下几种。

- 当将鼠标指针移动至文字上方时，鼠标指针形状将变为I形状。在要选择文字的起始位置单击，进入文字编辑状态。此时，拖动到要选择文字的结束位置释放鼠标，被选择的文字将以高亮显示。

- 进入文字编辑状态，将光标定位在要选择文字的起始位置。按住Shift键，在需要选择的文字的结束位置单击，然后松开Shift键。此时，在第一次单击位置和结束

单击位置之间的文字都将被选中。

- 进入文字编辑状态，利用键盘上的方向键，将闪烁的光标定位到需要选择的文字前。按住Shift键，使用方向键调整要选中的文字，此时光标划过的文字都将被选中。

- 当需要选择一个语义完整的词语时，在需要选择的词语上双击，PowerPoint就将自动选择该词语，如双击选择"目标"等。

- 如果需要选择当前文本框或文本占位符中的所有文字，那么可以在文本编辑状态下打开【开始】选项卡。在【编辑】组中单击【选择】按钮右侧的下拉箭头，在弹出的菜单中选择【全选】命令即可。

- 在一个段落中连续单击3次，可以选择整个段落。

- 当单击占位符或文本框的边框时，整个占位符或文本框将被选中。此时，占位符中的文本不以高亮显示，但具有与被选中文本相同的特性。而后可以为选中的文字设置字体、字号等属性。

10.5.2 复制与移动文本

在PowerPoint 2013中，复制和剪切的内容可以是当前编辑的文本，也可以是图片、声音等其他对象。使用这些操作，可以帮助用户创建重复的内容，或者把一段内容移动到其他位置。

1 复制并粘贴文本

首先选中需要复制的文字。打开【开始】选项卡，在【剪贴板】组中单击【复制】按钮🖺。这时被选中的文字将复制到Windows剪贴板上。然后将光标定位到需要粘贴的位置，单击【剪贴板】组中的【粘贴】按钮，复制的内容将被粘贴到新的位置。

此外，选中需要复制的文本后，用户也可以使用Ctrl+C组合键完成复制操作，使用Ctrl+V组合键完成粘贴操作。

2 剪切并粘贴文本

剪切操作主要用来移动一段文字。当选中要移动的文字后，在【开始】选项卡的【剪贴板】组中单击【剪切】按钮✂，这时被选中的文字将被剪切到Windows剪贴板上，同时原位置的文本消失。将光标定位到新位置后，单击【剪贴板】组中的【粘贴】按钮，就可以将剪切的内容粘贴到新的位置，从而实现文字的移动。

> **知识点滴**
>
> 选中需要移动的文字，当鼠标指针再次移动到被选中的文字上方时，鼠标指针将由I形状变为🔾形状，这时可以并向目标位置拖动文字。在拖动文字时，鼠标指针下方将出现一个矩形🔾。释放鼠标，即可完成移动操作。

10.5.3 查找与替换文本

当需要在较长的演示文稿中查找某一个特定内容，或在查找到特定内容后将其替换为其他内容时，可以使用PowerPoint 2013提供的【查找】和【替换】功能。

1 查找文本

在【开始】选项卡的【编辑】组中单击【查找】按钮，可打开【查找】对话框。

在【查找】对话框中，各选项的功能说明如下。

🖱 【查找内容】下拉列表框：用于输入所要查找的内容。

🖱 【区分大小写】复选框：选中该复选框，在查找时需要完全匹配由大小写字母组合而成的单词。

🖱 【全字匹配】复选框：选中该复选框，PowerPoint只查找用户输入的完整单词或字母，而PowerPoint默认的查找方式是非严格匹配查找，即该复选框未选中时的查找方式。例如，在【查找内容】下拉列表框中输入文字"计算"时，如果选中该复选框，系统仅会严格查找该文字，而对"计算机"、"计算器"等词忽略不计；如果未选中该复选框，系统则会对所有包含输入内容的词进行查找统计。

🖱 【区分全/半角】复选框：选中该复选框，在查找时将自动区分全角字符与半角字符。

🖱 【查找下一个】按钮：单击该按钮开始查找。当系统找到第一个满足条件的字符后，该字符将高亮显示。这时可以再次单击【查找下一个】按钮，继续查找到其他满足条件的字符。

2 替换文本

PowerPoint 2013中的替换功能包括替换文本内容和替换字体。在【开始】选项卡的【编辑】组中单击【替换】按钮右侧的下拉箭头，在弹出的菜单中选择相应命令即可。具体如下。

01 打开【开始】选项卡，在【编辑】组中单击【替换】按钮，打开【替换】对话框，在【查找内容】文本框中输入"论文"。在【替换为】文本框中输入"文章"，选中【全字匹配】复选框，然后单击【全部替换】按钮。

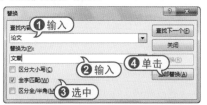

02 此时，即可一次性完成所有满足条件的文本的替换，同时打开Microsoft PowerPoint对话框，提示用户完成多少处的文本替换。单击【确定】按钮。

03 返回至【替换】对话框，单击【关闭】按钮，完成替换。返回幻灯片编辑窗口，即可查看替换后的文本。

另外，选择【开始】选项卡，在【编辑】组中单击【替换】按钮右侧的下拉箭头，在弹出的菜单中选择【替换字体】命令，打开【替换字体】对话框。在【替换为】下拉列表框中选择要替换为的字体，单击【替换】按钮，此时选中的占位符中的文字字体将被替换。

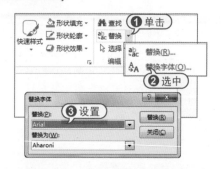

10.5.4 撤销与恢复文本

撤销和恢复是编辑演示文稿中常用的操作。【撤销】命令对应的快捷键是Ctrl+Z，【恢复】命令对应的快捷键是Ctrl+Y。

通常，在进行编辑工作时难免会出现误操作，如误删除文本或者错误地进行剪切、设置等，这时可以通过【撤销】功能将其返回到该步骤操作前的状态。

在快速访问工具栏中单击【撤销】按钮 ，就可以撤销前一步的操作。默认情况下，PowerPoint 2013可以撤销前20步操作，如下图所示。

在【PowerPoint选项】对话框的【高级】选项卡中可以设置撤销次数。

与【撤销】按钮功能相反的是【恢复】按钮 ，它可以恢复用户撤销的操作。在快速访问工具栏中也能直接找到该按钮。

10.6 设置幻灯片文本格式

为了使演示文稿更加美观、清晰，通常需要对文本格式进行设置，包括字体、字号、字体颜色、字符间距及文本效果等设置。在PowerPoint 2013中，当幻灯片应用了版式后，幻灯片中的文字也具有预先定义的属性。但在很多情况下，用户仍然需要按照自己的要求对文本格式重新进行设置。

10.6.1 设置字体格式

在PowerPoint 2013中，为幻灯片中的文字设置合适的字体、字号、字形和字体颜色等，可以使幻灯片的内容清晰明了。通常情况下，设置字体、字号、字形和字体颜色的方法有3种：通过【字体】组设置、通过浮动工具栏设置和通过【字体】对话框设置。

1 通过【字体】组设置

在PowerPoint 2013中，选择相应的文本，打开【开始】选项卡，在【字体】组中可以设置字体、字号、字形和颜色。

2 通过浮动工具栏设置

选择要设置的文本后，PowerPoint 2013会自动弹出【格式】浮动工具栏；或者右击选取的字符，也可以打开【格式】浮动工具栏。在该浮动工具栏中可以设置字体、字号、字形和字体颜色。

3 通过【字体】对话框设置

选择相应的文本，打开【开始】选项卡。在【字体】组中单击对话框启动器，打开【字体】对话框。在【字体】选项卡中可以设置字体、字号、字形和字体颜色。

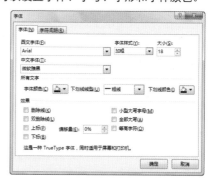

10.6.2 设置字符间距

字符间距是指幻灯片中字与字之间的距离。在通常情况下，文本是以标准间距显示的。这样的字符间距适用于绝大多数文本，但有时候为了创建一些特殊的文本效果，需要扩大或缩小字符间距。

【例10-6】在演示文稿中，为幻灯片中文本设置字符间距。 ◎视频

01 选中幻灯片中文本框内的文本，打开【开始】选项卡。在【字体】组中单击对话框启动器，打开【字体】对话框。

02 选择【字符间距】选项卡，在【间距】下拉列表中选择【加宽】选项，在【度量值】微调框中输入5，单击【确定】按钮。

03 此时，标题占位符中字与字之间的距离将扩大5磅。

10.7 使用幻灯片修饰元素

在幻灯片中添加图片、艺术字、声音和视频等修饰元素，可以丰富幻灯片的版面效果，更生动形象地阐述主题和表达思想。

10.7.1 使用图片

在演示文稿中使用图片，可以更生动形象地阐述其主题和所需表达的思想。在插入图片时，要充分考虑幻灯片的主题，使图片与主题和谐一致。

1 插入联机图片

在PowerPoint 2013中，对于联机图片的插入操作来说，用户可以选择从占位符或非占位符两种途径来选择插入。

要在非占位符中插入联机图片，用户可以打开【插入】选项卡，在【图像】组中单击【联机图片】按钮，打开【插入图片】对话框，如下图所示。在该对话框中的文本框内输入需要查找的图片主题名称，然后按下Enter键即可通过互联网查找与之相对应的图片。

在联机图片的搜索结果列表中，选中

一张图片后，单击对话框中的【插入】按钮，即可将该图片插入幻灯片中。

除此之外，PowerPoint 2013的很多版式都提供图片、形状、表格、图表等的占位符，利用这些版式可以快速地插入相应的对象。

【例10-7】在占位符中插入联机图片。
◎视频◎

01 在PowerPoint中打开演示文稿后，在【开始】选项卡的【幻灯片】组中单击【新建幻灯片】按钮，在弹出的下拉列表中选中【标题和内容】选项。

02 在幻灯片预览窗格中选择第2张幻灯片缩略图，将其显示在幻灯片编辑窗口中。

03 单击内容占位符中的【联机图片】按

钮，打开【插入图片】对话框。

04 在【插入图片】对话框中的文本框内输入需要通过互联网搜索的图片关键字，如"汽车"，然后按下Enter键。

05 在搜索结果中选中一张图片，然后单击【插入】按钮。

06 此时，PowerPoint将通过互联网搜索相应的图片并将其插入至幻灯片内容占位符中。

2 插入来自文件的图片

在演示文稿的幻灯片中可以插入磁盘中的图片。这些图片可以是BMP位图，也可以是由其他应用程序创建的图片，从因特网下载的或通过扫描仪及数码相机输入的图片等。

打开【插入】选项卡，在【图像】组中单击【图片】按钮，打开【插入图片】对话框。选择需要的图片后，单击【插入】按钮即可。

【例10-8】在演示文稿中，插入来自文件的图片。 视频

01 打开演示文稿后，在左侧的幻灯片预览窗格中选择第1张幻灯片缩略图，将其显示在幻灯片编辑窗口中，在幻灯片中输入文本。

02 选择【插入】选项卡，在【图像】组中单击【图片】按钮，打开【插入图片】对话框。

03 在【查找范围】下拉列表中选择文件路径，在文件列表中选中要插入的图片，然后单击【插入】按钮。

04 此时，图片将被添加到幻灯片中。

3 插入屏幕截图

PowerPoint 2013新增了屏幕截图功能，使用该功能可以在幻灯片中插入屏幕截取的图片。

打开【插入】选项卡，在【插图】组中单击【屏幕截图】按钮，从弹出的菜单

Office 2013电脑办公 入门与进阶

中选择【屏幕剪辑】选项，进入屏幕截图状态。拖动截取所需的图片区域即可。

【例10-9】在幻灯片中插入屏幕截图。
视频

01 打开演示文稿后，在左侧的幻灯片预览窗格中选择一张幻灯片缩略图，将其显示在幻灯片编辑窗口中。

02 打开【插入】选项卡，在【插图】组中单击【屏幕截图】按钮，从弹出的下拉列表中选择【屏幕剪辑】选项。

03 进入屏幕截图状态，拖动至打开的图片文档上，截取所需的图片区域。

04 此时，即可将图片截图区域插入至幻灯片中。

4 设置图片格式

在演示文稿中插入图片后，PowerPoint会自动打开【图片工具】的【格式】选项

卡。使用相应功能工具按钮，可以调整图片位置和大小、裁剪图片、调整图片对比度和亮度、设置图片样式等。

【例10-10】在演示文稿中设置图片格式。
视频+素材 (光盘素材\第10章\例10-10)

01 打开演示文稿后，在第1张幻灯片编辑窗口中选中最左侧的图片。打开【图片工具】的【格式】选项卡，在【大小】组中的【宽度】微调框中分别输入"5厘米"。此时会自动调整【高度】为"7.42厘米"。

02 将鼠标指针移动到图片上，待鼠标指针变成十字形状时，拖动至合适的位置。释放鼠标，此时剪贴画将移动到目标位置上。

03 选中图片，在【调整】组中单击【更正】按钮，从弹出的列表中选择【亮度:+20% 对比度:+20%】选项。

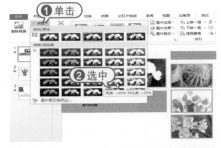

04 此时，即可自动调整剪贴画亮度和对比度。

05 选中第2张幻灯片中的图片。在【格式】选项卡的【图片样式】选项组中单击【图片效果】按钮，在弹出的下拉列表中选

中【三维旋转】|【极右极大透视】选项。

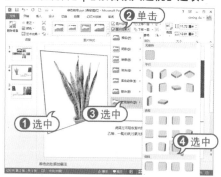

06 选中图片，将光标移动到图片右上角的控制柄上，向左上角拖动，缩放图片的大小。然后拖动调节图片至合适的位置。

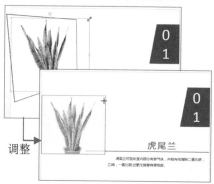

07 释放鼠标后，即可调整图片的大小，效果如下图所示。

08 选中第3张幻灯片中的图片，在【图片工具】的【格式】对话框中单击【删除背景】按钮。

09 打开【背景消除】选项卡，单击【标记要保留的区域】按钮，在图片中绘制需要保留的区域。

10 单击【标记要删除的区域】按钮，在图片中绘制删除的区域。然后单击【保留更改】按钮，删除图片的背景。

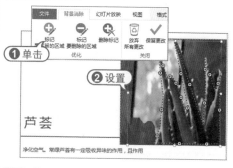

删除背景

10.7.2 使用艺术字

艺术字是一种特殊的图形文字，常被用来表现幻灯片的标题文字。用户既可以像对普通文字一样设置其字号、加粗、倾斜等效果，也可以像对图形对象那样设置它的边框、填充等属性，还可以对其进行大小调整、旋转或添加阴影、三维效果等操作。

1 插入艺术字

艺术字是一个文字样式库，可以将艺术字添加文档中，从而制造出装饰性效果。在PowerPoint中，打开【插入】选择卡，在【文本】组中单击【艺术字】按钮，打开如下图所示的艺术字样式列表。选择需要的样式，即可在幻灯片中插入艺术字。

2 设置艺术字大小

选择艺术字后，在【格式】选项卡的【大小】组的【形状高度】和【形状宽度】文本框中输入精确的数据即可。

3 设置艺术字文本样式

设置艺术字样式包含更改艺术字样式、文本效果、文本填充颜色和文本轮廓等操作。通过在【格式】选项卡的【艺术字样式】组中单击相应的按钮，可执行对应的操作。

● 修改艺术字样式：选择艺术字后，在【格式】选项卡的【艺术字样式】组中，

单击【其他】按钮。从弹出的样式列表中选择一种艺术字样式即可。

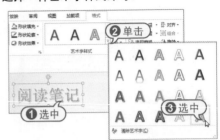

● 更改文本效果：选择艺术字后，在【格式】选项卡的【艺术字样式】组中，单击【文字效果】按钮。从弹出的菜单中选择所需的文本效果。

● 更改文本填充颜色：选择艺术字后，在【格式】选项卡的【艺术字样式】组中，单击【文本填充】按钮。从弹出的列表中选择所需的填充颜色；或者选择渐变和纹理填充效果。

● 更改文本轮廓：选择艺术字后，在【格式】选项卡的【艺术字样式】组中，单击【文本轮廓】按钮。从弹出的列表中选择所需的轮廓颜色；或者选择轮廓线条样式。

另外，选中艺术字，在【格式】选项卡的【艺术字样式】组中单击对话框启动器按钮。在打开的【设置形状格式】窗格中同样可以对艺术字进行编辑操作。具体操作如下。

01 选中幻灯片中输入的艺术字，在【格式】选项卡的【艺术字样式】组中单击启动器按钮 。

02 在打开的【设置形状格式】对话框中选中【文本填充轮廓】选项卡，然后在该选项卡中展开【文本填充】选项区域。

03 在【文本填充】选项区域中设置艺术字文本的填充效果后，展开【文本边框】选项区域，并在该选项区域中设置艺术字文本的边框效果。

04 在【设置形状格式】窗格中选择【文本效果】选项卡，然后在该选项卡中为艺术字文本设置【阴影】效果。

05 完成以上设置后，幻灯片中艺术字的效果如下图所示。

10.7.3 使用声音

声音是制作多媒体幻灯片的基本要素。在制作幻灯片时，用户可以根据需要插入声音，从而向观众增加传递信息的通道，增强演示文稿的感染力。插入声音文件时，需要考虑到演讲效果，不能因为插入的声音而影响演讲及观众的收听。

1 插入联机音频

PowerPoint 2013可以通过互联网搜索并使用联机音频，用户可以像插入联机图片一样在演示文稿中插入来自互联网的音频文件。

打开【插入】选项卡，在【媒体】组中单击【音频】按钮下方的下拉列表按钮，在弹出的下拉列表中选择【联机音频】选项。此时，PowerPoint将自动打开【插入音频】对话框。在该对话框中的文本框内输入需要搜索的关键字，并按下Enter键，即可在互联网上搜索联机音频。

2 插入PC上的音频

当用户需要将计算机中保存的声音文件插入至演示文中时，可以在【音频】下拉列表中选择【PC上的音频】选项，打开【插入音频】对话框。在该对话框中选择需要插入的声音文件，并单击【插入】按钮。

此时，PowerPoint将在当前幻灯片中插入一个如下图所示的音频图标。

将鼠标指针移动或定位到音频图标后，自动弹出如下图所示的浮动控制条。单击【播放】按钮▶，即可试听声音。

PowerPoint 2013允许用户为演示文稿插入多种类型的声音文件，包括各种采集的模拟声音和数字音频。以下列出了一些常用的音频类型。

 AAC：ADTS Audio，Audio Data Transport Stream(用于网络传输的音频)。

 AIFF：音频交换文件格式。

 AU：UNIX系统下波形声音文档。

 MIDI：乐器数字接口数据，一种乐谱文件。

 MP3：动态影像专家组制定的第三代音频标准，也是互联网中最常用的音频标准。

 MP4：动态影像专家组制定的第四代视频压缩标准。

 WAV：Windows波形声音。

 WMA：Windows Media Audio，支持证书加密和版权管理的Windows媒体音频。

 AAC：ADTS Audio，Audio Data Transport Stream(用于网络传输的音频)。

【例10-11】创建"高效PPT设计的7个习惯"演示文稿，并在该演示文稿中插入来自计算机的音频文件。

视频+素材 (光盘素材\第10章\例10-11)

01 新建一个基于模板的演示文稿，打开【插入】选项卡。在【媒体】组中单击【音频】下拉按钮，在弹出的命令列表中选择【PC上的音频】选项。

02 打开【插入声音】对话框，选择一个音频文件，单击【插入】按钮。

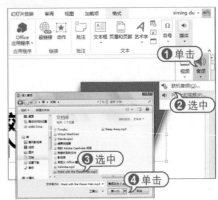

03 此时，幻灯片中将出现声音图标。通过拖动可将其移动到合适的位置。

04 单击【播放】按钮▶，播放幻灯片中插入的音频。然后单击 按钮，调节音频的音量。

3 设置音频属性

在幻灯片中选中声音图标，功能区将出现【音频工具】的【播放】选项卡。在该选项卡中，用户可以设置音频属性。

【例10-12】在演示文稿中，设置声音的属性。

视频+素材 (光盘素材\第10章\例10-12)

01 打开演示文稿，在第1张幻灯片编辑窗口中，选中声音图标 。打开【音频工具】的【播放】选项卡，在【编辑】组中单击【剪裁音频】按钮。

02 打开【剪裁音频】对话框,向右拖动左侧的绿色滑块,调节剪裁的开始时间;向左拖动右侧的红色滑块,调节剪裁的结束时间。

03 单击【播放】按钮▶,试听剪裁后的声音,确定剪裁内容。

04 单击【确定】按钮,即可完成剪裁工作。系统将自动把剪裁过的音频文件插入到演示文稿中。

05 选中剪裁的音频,在【播放】选项卡的【编辑】组中,设置【淡入】值为05.00,【淡出】值为03.00。

06 在【播放】选项卡的【音频选项】组中,单击【音量】按钮,在弹出的菜单中

选择【低】选项。在【音频选项】组中的【开始】下拉列表中选择【自动】选项,设置音频播放音量和播放方式。

07 在【预览】组中单击【播放】按钮,即可开始收听剪裁后的音频。

08 右击选中的音频图标,在弹出的快捷菜单中选择【设置图片格式】命令,打开【设置图片格式】窗格。展开【阴影】选项区域,然后在该选项区域中设置图片的效果参数。

09 此时,显示设置后的音频图标,效果如下图所示。

10.7.4 使用视频

PowerPoint中的影片包括视频和动画。用户可在幻灯片中插入的视频格式有十几种,而插入的动画则主要是GIF动画。PowerPoint支持的影片格式会随着媒体播放器的不同而有所不同。在PowerPoint 2013中插入视频及动画的方式主要有插入联机视频和计算机上的视频两种。

1 插入联机视频

打开【插入】选项卡，在【媒体】组中单击【视频】按钮下方的箭头，在弹出的下拉列表中选择【联机视频】选项。此时，PowerPoint将自动打开【插入视频】对话框，在该对话框中用户可以选择通过互联网在演示文稿中插入视频。

2 插入PC上的视频

PowerPoint支持多种类型的视频文档格式，允许用户将绝大多数视频文档插入到演示文稿中。常见的PowerPoint视频格式如下。

● ASF：高级流媒体格式，微软开发的视频格式。

● AVI：Windows视频音频交互格式。

● QT,MOV：QuickTime视频格式。

● MP4：第4代动态图像专家格式。

● MPEG：动态图像专家格式。

● MP2：第2代动态图像专家格式。

● WMV：Windows媒体视频格式。

在PowerPoint 2013中插入计算机中保存的影片文件的方法有以下两种。

● 通过【插入】选项卡的【媒体】组插入视频。

● 通过单击占位符中的【插入视频文件】按钮 插入。

3 设置视频效果

在PowerPoint中插入视频文件后，功能区将出现【视频工具】的【格式】和【播放】选项卡。使用其中的功能按钮，不仅可以调整它们的位置、大小、亮度、对比度、旋转等格式，还可以对它们进行剪裁、设置透明色、重新着色及设置边框线等简单处理。

【例10-13】在演示文稿中，设置视频的格式和效果。

◎ 视频+素材 (光盘素材\第10章\例10-12)

01 打开演示文稿后，在幻灯片预览窗格中选择第2张幻灯片缩略图，将其显示在幻灯片编辑窗口中。

02 选中幻灯片中的视频，打开【格式】选项卡，在【调整】组中单击【更正】按钮，从弹出的列表中选择【亮度:+20% 对比度:+40%】选项。此时即可调整视频的第1帧画面的对比度和亮度。

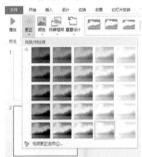

03 在【视频样式】组中单击【其他】按钮 ，从弹出的菜单的【强烈】列表中选择【映像棱台，黑色】选项，快速为视频应用该视频样式。

04 选择视频，在【格式】选项卡的【视频样式】组中单击【视频边框】按钮，在弹出的下拉列表中选择【其他轮廓颜色】命令，打开【颜色】对话框。

05 选择【标准】选项卡，选择一种轮廓颜色，单击【确定】按钮。

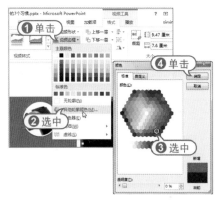

06 选择视频，打开【视频工具】的【播放】选项卡。在【编辑】组中设置【淡入】值为01.00，【淡出】值为01.00。

07 在【视频选项】组中选中【全屏播放】复选框。在播放时，PowerPoint会自动将影片显示为全屏幕。

08 在【开始】下拉列表中选择【单击时】选项，设置单击播放影片；单击【音量】下拉按钮，从弹出的下拉列表中选择【中】选项，设置播放影片时的音量。

09 返回至幻灯片编辑窗口，在【预览】组中单击【播放】按钮，查看视频的播放效果。

10.8 进阶实战

本章的进阶实战部分将使用PowerPoint网络模板创建一个"城市素描"演示文稿，帮助用户通过练习巩固所学的知识。

【例10-14】制作"城市素描"演示文稿。
📹 视频+素材 (光盘素材\第10章\例10-12)

01 单击【文件】按钮，从弹出的【文件】菜单中选择【新建】命令，在【建议的搜索】列表中选择【演示文稿】分类。

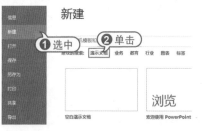

02 在模板列表框中双击一种需要的模板，在打开的对话框中单击【创建】按钮，即可开始下载演示文稿。

03 模板成功下载后，将被应用在新建的演示文稿中。在左侧的幻灯片预览窗格中可以通过单击选中第1张幻灯片，在标题占

位符中输入"城市素描"，在副标题占位符中输入"城市素描鸟瞰全景构图"。

04 在幻灯片预览窗格中单击选中第2张幻灯片，在幻灯片中的占位符中输入文本。选择【插入】选项卡，在【图像】组中单击【图片】按钮，在幻灯片中插入一张图片。

05 选中幻灯片中的图片，打开【格式】选项卡。在【图片样式】组中单击【快速样式】按钮，在弹出的列表中选择一种图片样式。

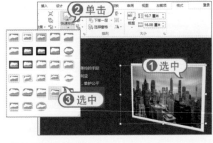

06 选中第3张幻灯片，在占位符中输入标题文本后，单击【插入视频文件】按钮，打开【插入视频文件】对话框。选择一个视频文件后单击【插入】按钮，在幻灯片中插入视频文件。

插入视频

07 重复以上操作，选中模板中的其他幻灯片。在其中添加文本、图片、视频等素材，完成演示文稿的制作。

08 按下F12键，打开【另存为】对话框。将演示文稿以"城市素材"为名保存。

10.9 疑点解答

● 问：PowerPoint 2013中有哪些实用的快捷操作？？

答：在PowerPoint 2013中，按下F5键从头开始放映演示文稿；按下Esc键结束放映；按下Shift+F5组合键，从当前正在编辑的幻灯片开始放映演示文稿；按下Alt+S组合键，将当前演示文稿作为电子邮件发送；按下Ctrl+M组合键，在当前幻灯片之后插入一个空白幻灯片；按下Ctrl+W组合键，可以关闭正在编辑的演示文稿。

第11章

PPT母版、动画和放映设置

PowerPoint提供了大量的模板、格式和动画效果，应用这些内容，可以轻松地设计出与众不同的幻灯片演示文稿，以及备注和讲义演示文稿。本章将重点介绍使用演示文稿母版和在幻灯片中为对象设置动画，以及为幻灯片设置切换动画的方法。

对应光盘视频

例11-1 设置幻灯片母版格式
例11-2 在母版中添加图片
例11-3 设置母版的页眉和页脚
例11-4 为幻灯片设置背景
例11-5 设置幻灯片切换动画
例11-6 设置幻灯片计时选项

例11-7 为对象设置进入动画
例11-8 为对象设置强调动画
例11-9 为对象设置路径动画
例11-10 设置动画触发器
例11-11 设置动画计时选项
本章其他视频文件参见配套光盘

11.1 设置幻灯片母版

幻灯片母版决定着幻灯片的外观，用于设置幻灯片的标题、正文文字等样式，包括字体、字号、字体颜色、阴影等效果；也可以设置幻灯片的背景、页眉页脚等内容。幻灯片母版可以为所有幻灯片设置默认的版式。

PowerPoint 2013提供了3种母版，即幻灯片母版、讲义母版和备注母版。当需要设置幻灯片风格时，可以在幻灯片母版视图中进行设置；当要将演示文稿以讲义形式打印输出时，可以在讲义母版中进行设置；当要在演示文稿中插入备注内容时，则可以在备注母版中进行设置。

🔹 幻灯片母版：幻灯片母版是存储模板信息的设计模板的一个元素。幻灯片母版中的信息包括字形、占位符大小和位置、背景设计和配色方案。用户通过更改这些信息，就可以更改整个演示文稿中幻灯片的外观。在PowerPoint 2013中打开【视图】选项卡，在【母版视图】组中单击【幻灯片母版】按钮，打开幻灯片母版视图，即可查看幻灯片母版。

幻灯片母版

🔹 讲义母版：讲义母版是为制作讲义而准备的，通常需要打印输出，因此讲义母版的设置大多和打印页面有关。它允许设置一页讲义中包含几张幻灯片，设置页眉、页脚、页码等基本信息。在讲义母版中插入新的对象或者更改版式时，新的页面效果不会反映在其他母版视图中。打开【视

图】选项卡，在【母版视图】组中单击【讲义母版】按钮，打开讲义母版视图。此时，功能区自动切换到【讲义母版】选项卡。

🔹 备注母版：备注相当于讲义，尤其是对某个幻灯片需要提供补充信息时。使用备注对演讲者创建演讲注意事项是很重要的。备注母版主要用来设置幻灯片的备注格式，一般也是用来打印输出的，因此备注母版的设置大多和打印页面有关。打开【视图】选项卡，在【母版视图】组中单击【备注母版】按钮，打开备注母版视图。备注页由单个幻灯片的图像和下面所属文本区域组成。

11.1.1 设置母版版式

版式用来定义幻灯片显示内容的位置与格式信息，是幻灯片母版的组成部分，主要包括占位符。在PowerPoint 2013中创建的演示文稿都带有默认的版式。这些版式一方面决定了占位符、文本框、图片和图表等内容在幻灯片中的位置，另一方面决定了幻灯片中文本的样式。

母版版式是通过母版上的各个区域的设置来实现的。在幻灯片母版视图中，用户可以按照自己的需求来设置幻灯片母版的版式。

【例11-1】在幻灯片母版视图中设置版式和文本格式。 视频

01 启动PowerPoint 2013应用程序，新建一个空白演示文稿。

02 打开【视图】选项卡，在【母版视图】组中单击【幻灯片母版】按钮，打开幻灯片母版视图。

03 在左侧的任务窗格中选中第2张幻灯片缩略图，在右侧的编辑窗口中选中【单击此处编辑母版标题样式】占位符。选择【开始】选项卡，设置文字标题样式的字体为【华文隶书】、字号为60、字体颜色为【深蓝】、字形为【加粗】。

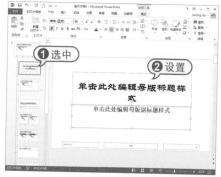

04 选中【单击此处编辑母版标题样式】和【单击此处编辑副标题样式】占位符，拖动调节其至合适的位置。

05 在左侧的任务窗格中选中第1张幻灯片，将其显示在母版编辑区。

06 选中【单击此处编辑母版标题样式】占位符，拖动调节其大小。然后设置文字标题样式的字体为【华文新魏】、字体颜色为【深蓝】、字形为【加粗】、字体效果为【阴影】。

07 拖动调节【单击此处编辑母版标题样式】占位符和【单击此处编辑母版文本样式】占位符的大小和位置。

08 将光标定位在第1级项目符号处，在【开始】选项卡的【段落】组中的单击【项目符号】下拉按钮，从弹出的列表中选择【项目符号和编号】选项，打开【项目符号和编号】对话框。

09 打开【项目符号和编号】对话框，选中空心样式。单击【颜色】按钮，从弹出的颜色面板中选择【蓝色】色块，单击【确定】按钮。

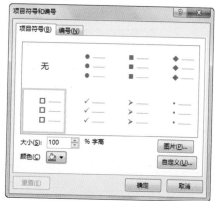

Office 2013电脑办公入门与进阶

10 使用同样的方法,设置其他级别的项目符号,效果如下图所示。

11 打开【幻灯片母版】选项卡,在【关闭】组中单击【关闭母版视图】按钮。

12 在幻灯片缩略图中选中第1张幻灯片,按Enter键,添加一张新幻灯片。此时新幻灯片中将自动应用设置好的文本版式和文本格式。

按 Enter 键

知识点滴

在幻灯片母版视图中,还可以通过在母版中插入占位符来快速实现版式设计。在【幻灯片母版】选项卡的【母版版式】组中,单击【插入占位符】按钮,从弹出的列表中选择对应的内容即可。另外,在【编辑母版】组中,单击【插入版式】按钮,即可在幻灯片母版视图添加一个新的母版版式。

11.1.2 设置母版背景

一个精美的设计模板少不了背景图片

或图形的修饰,用户可以根据实际需要在幻灯片母版视图中设置背景。例如,希望让某个艺术图形(公司名称或徽标等)出现在每张幻灯片中,只需将该图形置于幻灯片母版上。此时该对象将出现在每张幻灯片的相同位置上,而不必在每张幻灯片中重复添加。

【例11-2】在演示文稿的幻灯片母版视图中添加图片和图形,并调整它们的大小和位置。

🎬 视频+素材 (光盘素材\第11章\例11-2)

01 继续【例11-1】的操作,打开【视图】选项卡。在【母版视图】组中单击【幻灯片母版】按钮,打开幻灯片母版视图。

02 打开【插入】选项卡,在【插图】组中单击【形状】按钮,从弹出的下拉列表中选择【矩形】栏中的【矩形】选项。

03 在幻灯片编辑窗口中,拖动绘制一个与幻灯片宽度相等的矩形。

04 打开【绘图工具】的【格式】选项卡,在【形状样式】组中单击【形状填充】按钮,从弹出的颜色面板中选择【蓝色】色块;单击【形状轮廓】按钮,从弹出的列表中选择【无轮廓】选项。

05 选择【插入】选项卡,在【图像】组中单击【图片】按钮,打开【插入图片】对话框。选择要插入的图片,单击【插入】按钮。

06 此时，选中的图片将插入到幻灯片中，拖动即可调节图片的位置和大小。

07 打开【幻灯片母版】选项卡，在【关闭】组中单击【关闭母版视图】按钮，即可返回到普通视图模式下，查看设置背景图片后的幻灯片效果。

11.1.3 设置页眉和页脚

　　页眉和页脚分别位于幻灯片的底部，主要用来显示文档的页码、日期、公司名称与公司徽标等内容。在制作幻灯片时，使用PowerPoint提供的页眉页脚功能，可以为每张幻灯片添加这些相对固定的信息。

　　要插入页眉和页脚，只需在【插入】选项卡的【文本】选项组中单击【页眉和页脚】按钮，打开【页眉和页脚】对话框，在其中进行相关操作即可。插入页眉和页脚后，可以在幻灯片母版视图中对其格式进行统一设置。

【例11-3】在演示文稿的幻灯片母版视图中添加页眉和页脚。

视频+素材（光盘素材\第11章\例11-3）

01 继续【例11-2】的操作，选中第1张幻灯片。打开【插入】选项卡，在【文本】选项组中单击【页眉和页脚】按钮。

02 打开【页眉和页脚】对话框选中【日期和时间】、【幻灯片编号】、【页脚】、【标题幻灯片中不显示】复选框，并在【页脚】文本框中输入"用于自定义模板"。单击【全部应用】按钮，为除第1张幻灯片以外的幻灯片添加页脚。

03 打开【视图】选项卡，在【母版视图】组中单击【幻灯片母版】按钮，切换到幻灯片母版视图。

04 选中所有的页脚文本框，设置字体为【华文新魏】，字形为【加粗】，字号为16，字体颜色为【紫色】。拖动调节时间和编号占位符的位置，并设置文本对齐方式。

05 打开【幻灯片母版】选项卡，在【关闭】选项组中单击【关闭母版视图】按钮。

11.2 设置幻灯片主题和背景

PowerPoint 2013提供了多种主题颜色和背景样式，使用这些主题颜色和背景样式，可以使幻灯片具有丰富的色彩和良好的视觉效果。

11.2.1 设置幻灯片主题

幻灯片主题是应用于整个演示文稿的各种样式的集合，包括颜色、字体和效果这三大类。PowerPoint预置了多种主题供用户选择。打开【设计】选项卡，在【主题】组中单击【其他】按钮，从弹出的列表中选择预置的主题。

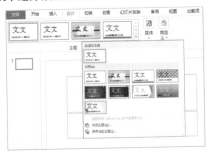

1 设置主题颜色

PowerPoint提供了多种预置的主题颜色供用户选择。在【设计】选项卡的【变体】组中单击【其他】按钮，在弹出的下拉列表中选择【颜色】命令，即可在弹出的子菜单中选择主题颜色。

若选择【自定义颜色】命令，将打开【新建主题颜色】对话框。在该对话框中

可以设置各种类型内容的颜色。设置完成后，在【名称】文本框中输入名称，单击【保存】按钮，可以将其添加到【颜色】子菜单中。

2 设置主题字体

字体也是主题中的一种重要元素。在【设计】选项卡的【变体】组中单击【其他】按钮，从弹出的下拉列表中选择【字体】命令，即可在弹出的子菜单中选择预置的主题字体。

若选择【自定义字体】命令，将打开【新建主题字体】对话框，在其中可以设

置标题字体、正文字体等。

3 设置主题效果

主题效果是PowerPoint预置的一些图形元素和特效。在【设计】选项卡的【变体】组中单击【其他】按钮，从弹出的下拉列表中选择【效果】命令，即可在弹出的子菜单中选择预置的主题效果样式。

11.2.2 设置幻灯片背景

幻灯片美观与否，背景起着至关重要的作用。用户除了自己设计模板外，还可以利用PowerPoint 2013内置的背景样式，甚至可以设计、更改幻灯片的背景颜色和背景等。

1 应用内置背景样式

在PowerPoint 2013中，可以在演示文稿中应用内置背景样式。所谓背景样式，

是指来自当前主题中，主题颜色和背景亮度组合的背景填充变体。默认情况下，幻灯片的背景会应用前一张的背景。如果是空白演示文稿，则背景颜色为白色。

应用PowerPoint内置的背景样式，可以打开【设计】选项卡，在【变体】组中，单击【其他】下拉按钮，在弹出的下拉列表中选择【背景样式】命令。然后在弹出的子菜单中选择一种背景样式即可。例如，选择【样式11】命令，则该幻灯片效果如下图所示。

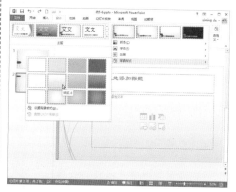

2 自定义背景样式

当用户对PowerPoint 2013提供的背景样式不满意时，可以在背景样式列表中选择【设置背景格式】命令，打开【设置背景格式】窗格。在该窗格中可以自定义背景的填充样式、渐变和纹理格式等。

【例11-4】在演示文稿中，为幻灯片设置背景。

视频+素材 (光盘素材\第11章\例11-4)

01 打开演示文稿后，选择【设计】选项卡。在【变体】组中单击【其他】按钮，在弹出的下拉列表中选中【背景样式】|【设置背景格式】命令。此时，弹出【设置背景格式】窗格，在该窗格中选中【隐藏背景图形】复选框，即可看到该幻灯片中的背景图片和背景图形已不显示。

02 在【设置背景格式】窗格中选中【图片或纹理填充】单选按钮，展开相关选项，然后单击【文件】按钮。

03 打开【插入图片】对话框，选择背景图片的存放路径，选择需要的图片，单击【插入】按钮。

04 在【设置背景格式】窗格中单击【关闭】按钮，此时图片将设置为幻灯片的背景。

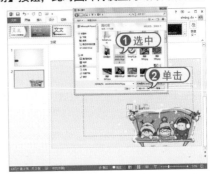

11.3 设置幻灯片切换动画

幻灯片切换动画是指一张幻灯片如何从屏幕上消失，以及另一张幻灯片如何显示在屏幕上的方式。幻灯片切换方式可以是简单地以一个幻灯片代替另一个幻灯片，也可以使幻灯片以特殊的效果出现在屏幕上。

11.3.1 设置幻灯片切换效果

在演示文稿中，可以为一组幻灯片设置同一种切换方式，也可以为每张幻灯片设置不同的切换方式。

要为幻灯片添加切换动画，可以打开【切换】选项卡，在【切换到此幻灯片】选项组中进行设置。在该组中单击⮟按钮，将打开如下图所示的幻灯片动画效果列表。当鼠标指针指向某个选项时，幻灯片将应用该效果，供用户预览。

【例11-5】为演示文稿中为幻灯片添加切换动画。

🎬 视频+素材 (光盘素材\第11章\例11-5)

01 打开【切换】选项卡，在【切换到此幻灯片】组中选择【覆盖】选项。

02 此时，即可将【覆盖】切换动画应用到第1张幻灯片中，并预览该切换动画效果。

03 按住Ctrl键选中第2~5张幻灯片缩略图，在【切换】选项卡的【切换到此幻灯片】组中，单击【其他】按钮，在弹出的下拉列表中选择【分割】选项。

04 此时，即可为第2~5张幻灯片应用【分割】切换效果。

11.3.2 设置幻灯片计时选项

PowerPoint 2013除了可以提供方便快

捷的"切换方案"外，还可以为所选的切换效果配置音效、改变切换速度和换片方式，以增强演示文稿的活泼性。

【例11-6】在演示文稿中，设置切换声音、切换速度和换片方式。

🎬 视频+素材 (光盘素材\第11章\例11-6)

01 打开【切换】选项卡。在【计时】选项组中单击【声音】下拉按钮，在弹出的下拉列表中选择【风铃】选项，为幻灯片应用该声音效果。

02 在【计时】选项组的【持续时间】微调框中输入00.50。为幻灯片设置持续时间的目的是控制幻灯片的切换速度，以便查看幻灯片内容。

03 在【计时】组中取消选中【单击鼠标时】复选框，选中【设置自动换片时间】复选框，并在其后的微调框中输入00:05.00。

04 单击【全部应用】按钮，将设置好的计时选项应用到每张幻灯片中。

05 单击状态栏中的【幻灯片浏览】按钮🔲，切换至幻灯片浏览视图，查看设置后的自动切片时间。

幻灯片浏览

打开【切换】选项卡。在【计时】组的【换片方式】区域中，选中【单击鼠标时】复选框，表示在播放幻灯片时，需要在幻灯片中单击来换片；而取消选中该复选框，选中【设置自动换片时间】复选框，表示在播放幻灯片时，经过所设置的时间后会自动切换至下一张幻灯片，无须单击。另外，PowerPoint还允许同时为幻灯片设置单击以切换幻灯片和输入具体值以定义幻灯片切换的延迟时间这两种换片的方式。

11.4 为对象添加动画效果

在PowerPoint中，除了幻灯片切换动画外，还包括幻灯片的动画效果。所谓动画效果，是指为幻灯片内部各个对象设置的动画效果。用户可以对幻灯片中的文本、图形、表格等对象添加不同的动画效果，如进入动画、强调动画、退出动画和动作路径动画等。

11.4.1 添加进入效果

进入动画是为了设置文本或其他对象以多种动画效果进入放映屏幕。在添加该动画效果之前需要选中对象。对于占位符或文本框来说，选中占位符、文本框，以及进入其文本编辑状态时，都可以为它们添加该动画效果。

选中对象后，打开【动画】选项卡。单击【动画】组中的【其他】按钮，在弹出的【进入】列表框选择一种进入效果，即可为对象添加该动画效果。

在【进入】列表框中选择【更多进入效果】命令，将打开【更改进入效果】对话框。在该对话框中可以选择更多的进入动画效果。

另外，在【高级动画】组中单击【添加动画】按钮，同样可以在弹出的列表框中选择内置的进入动画效果。若选择【更多进入效果】命令，则打开【添加进入效果】对话框。在该对话框中也可以选择进入动画效果。

【例11-7】为演示文稿中的对象设置进入动画。

视频+素材 (光盘素材\第11章\例11-7)

01 打开演示文稿，在打开的第1张幻灯片中选中标题占位符。

02 打开【动画】选项卡，在【动画】组中的【其他】按钮，从弹出的【进入】列表框选择【弹跳】选项，为正标题文字应用【弹跳】进入效果。

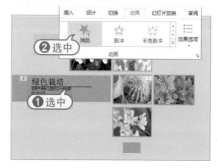

03 选中第3张幻灯片中的图片，单击【动画】组中的【其他】按钮，从弹出的菜单中选择一种【更多进入效果】选项。

04 打开【更改进入效果】对话框，在【基本型】选项区域中选择【向内溶解】选项。单击【确定】按钮，为剪贴画更改进入该进入效果。

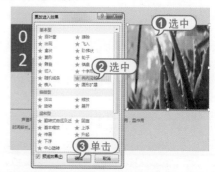

05 选中第4张幻灯片中的艺术字，在【动画】组中的【其他】按钮，从弹出的【进入】列表框选择【飞入】选项。然后在【动画】组中单击【效果选项】下拉按

钮，从弹出的下拉列表中选择【自右侧】选项，设置飞入效果属性。

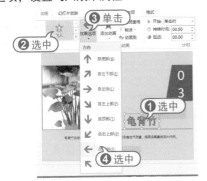

06 完成幻灯片中对象的进入动画设置，在幻灯片编辑窗口中以编号的形式标记对象。

07 在【动画】选项卡的【预览】组中单击【预览】按钮，即可查看幻灯片中应用的所有进入动画效果。

11.4.2 添加强调效果

强调动画是为了突出幻灯片中的某部分内容而设置的特殊动画效果。添加强调动画的过程和添加进入效果大体相同。选择对象后，在【动画】组中单击【其他】按钮，在弹出的【强调】列表框选择一种强调效果，即可为对象添加该动画效果。选择【更多强调效果】命令，将打开【更改强调效果】对话框。在该对话框中可以选择更多的强调动画效果。

另外，在【高级动画】组中单击【添加动画】按钮，同样可以在弹出的【强调】列表框中选择一种强调动画效果。若选择【更多强调效果】命令，则打开【添加强调效果】对话框。在该对话框中同样可以选择更多的强调动画效果。

【例11-8】为演示文稿中的对象设置强调动画。

🎬视频+素材 (光盘素材\第11章\例11-8)

01 在幻灯片预览窗格中选择第2张幻灯片缩略图，将其显示在幻灯片编辑窗口中。

02 选中标题【虎尾兰】占位符，打开【动画】组，单击【其他】按钮。在弹出的【强调】列表框中选择【画笔颜色】选项，为文本应用该强调效果。

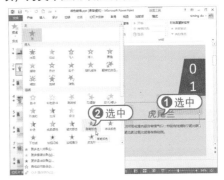

03 在【动画】组中单击【效果选项】下拉按钮，从弹出的下拉列表中选择【红色】色块。

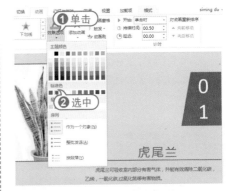

04 在【动画】选项卡的【预览】组中单击【预览】按钮，即可查看第2张幻灯片中的强调动画的效果。

05 选中第2张幻灯片中的图片，在【高级动画】组中单击【添加动画】按钮，同样可以在弹出的列表中选择【更多强调效果】选项。

06 打开【添加强调效果】对话框，在【华丽型】选项区域中选择【闪烁】选项。单击【确定】按钮，完成添加强调动画设置。

07 参照以上操作，为其他幻灯片的标题占位符应用【陀螺旋】强调效果。

11.4.3 添加退出效果

退出动画是为了设置幻灯片中的对象退出屏幕的效果。添加退出动画的过程和添加进入、强调动画效果大体相同。

选中需要添加退出效果的对象，在【高级动画】组中单击【添加动画】按钮，在弹出的【退出】列表框中选择一种强调动画效果。若选择【更多退出效果】命令，则打开【添加退出效果】对话框。在该对话框中可以选择更多的退出动画效果。

11.4.4 添加动作路径的动画效果

动作路径动画又称为路径动画，可以指定文本等对象沿预定的路径运动。PowerPoint中的动作路径动画不仅提供了大量预设路径效果，还可以由用户自定义路径动画。

【例11-9】为演示文稿中的对象设置动作路径。
视频+素材，(光盘素材\第11章\例11-9)

01 在幻灯片预览窗格中选择第7张幻灯片缩略图，将其显示在幻灯片编辑窗口中，然后选中窗口左侧的【绿萝】图片对象。

02 打开【动画】选项卡，在【动画】组中单击【其他】按钮，在弹出的【动作路径】列表框选择【自定义路径】选项。

03 将鼠标指针移动到图形附近，待鼠标指针变成十字形状时，拖动绘制曲线。双击完成曲线的绘制，此时即可查看图片的动作路径。

04 查看完成动画效果后，在幻灯片中显示曲线的动作路径。动作路径起始端将显

示一个绿色的▶标志，结束端将显示一个红色的◀标志，两个标志以一条虚线连接。

05 使用同样的方法，可以为第8~10张幻灯片中图片对象设置动作路径动画。

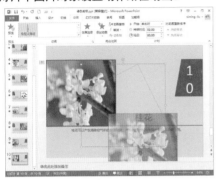

11.4.5 对象动画高级设置

PowerPoint 2013具备动画效果高级设置功能，如设置动画触发器、使用动画刷复制动画、设置动画计时选项、重新排序动画等。使用该功能，可以使整个演示文稿更为美观，可以使幻灯片中的各个动画的衔接更为合理。

1 设置动画触发器

在幻灯片放映时，使用触发器功能，可以在单击幻灯片中的对象时显示动画效果。下面将以具体实例来介绍设置动画触发器的方法。

【例11-10】在演示文稿中设置动画触发器。
🎬 视频+素材 (光盘素材\第11章\例11-10)

01 打开【动画】选项卡，在【高级动画】选项组中单击【动画窗格】按钮，打开【动画窗格】任务窗格。

02 选择第2个动画效果，在【高级动画】选项组中单击【触发】按钮，在弹出的菜单中选择【单击】选项，然后从弹出的子菜单中选择【图片1】对象。

03 此时，图片1对象上产生动画的触发器，并在任务窗格中显示所设置的触发器。

04 当播放幻灯片时，将鼠标指针指向【矩形3】对象并单击，即可启用触发器的动画效果。

2 使用动画刷复制动画效果

在PowerPoint 2013中，用户经常需要在同一幻灯片中为多个对象设置同样的动画效果。这时在设置一个对象动画后，通过动画刷复制动画功能，可以快速地复制动画到其他对象中。这是最快捷、有效的方法。

在幻灯片中选择设置动画后的对象，打开【动画】选项卡。在【高级动画】选项组中单击【动画刷】按钮。将鼠标指针指向需要添加动画对象时，此时鼠标指针变成指针加刷子形状🖌时，在指定的对象上单击，即可复制所选的动画效果。

3 设置动画计时选项

为对象添加了动画效果后，还需要设置动画计时选项，如开始时间、持续时间、延迟时间等。默认设置的动画效果在幻灯片放映屏幕中持续播放的时间只有几秒钟，同时需要单击才会开始播放下一个动画。如果默认的动画效果不能满足用户实际需求，则可以通过【动画设置】对话框的【计时】选项卡进行动画计时选项的设置。下面将以具体实例来介绍设置动画计时选项的方法。

【例11-11】在演示文稿中设置动画计时选项。
视频+素材 (光盘素材\第11章\例11-11)

01 打开【动画】选项卡，在【高级动画】选项组中单击【动画窗格】按钮，打开【动画窗格】任务窗格。

02 在【动画窗格】任务窗格中选中第2个动画，在【计时】组中单击【开始】下拉按钮，从弹出的快捷菜单中选择【上一动画之后】选项。

03 第2个动画和第1个动画将合并为一个动画，它将在第1个动画播放完后自动开始播放，无须单击。

04 在【动画窗格】任务窗格中选中【图片3】动画效果，在【计时】选项组中单击【开始】下拉按钮，从弹出的快捷菜单中选择【上一动画之后】选项，并在【持续时间】和【延迟】文本框中输入01.00。

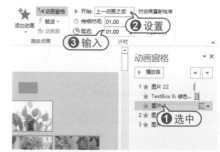

05 在【动画窗格】任务窗格中选中【图片2】动画效果，右击，从弹出的菜单中选择【计时】命令，打开【补色】对话框的【计时】选项卡。

06 在【期间】下拉列表中选择【中速(2秒)】选项，在【重复】下拉列表中选择【直到幻灯片末尾】选项，单击【确定】按钮。

07 在幻灯片预览窗格中选择第2张幻灯片缩略图，将其显示在幻灯片编辑窗口中。

08 在【动画窗格】任务窗格中选中第2~3个动画效果，在【计时】组中单击【开始】下拉按钮，从弹出的快捷菜单中选择【与上一动画同时】选项。

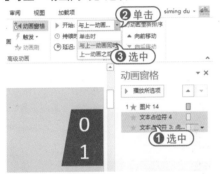

09 此时，原编号为1~3的这3个动画合为一个动画。

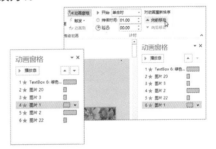

10 使用同样的方法，将其他幻灯片中的所有动画合并为一个动画。

4 **重新排序动画**

当一张幻灯片中设置了多个动画对象时，用户可以根据自己的需求重新排序动画，即调整各个动画出现的顺序。具体操作如下。

01 打开【动画】选项卡，在【高级动画】选项组中单击【动画窗格】按钮，打开【动画窗格】任务窗格。

02 在【动画窗格】任务窗格选中【图片1】的动画，在【计时】选项组中单击2下【向前移动】按钮或者单击2下 ▲ 按钮，将其移动到窗格的最上方。此时标号自动更改为4。

11.5 放映和发布演示文稿

在PowerPoint 2013中，可以选择最为理想的放映速度与放映方式，使幻灯片放映时结构清晰、节奏明快、过程流畅。

11.5.1 设置幻灯片放映方式

PowerPoint 2013提供了3种幻灯片的放映方式，以满足不同的用户在不同场合下使用。下面将分别对3种放映方式进行介绍，并讲解如何设置幻灯片放映方式。

1 **演讲者放映**

当用户作为演示文稿的演讲者时，可以参考下面介绍的方法设置幻灯片的放映方式。

01 选择【幻灯片放映】选项卡，在【设置】命令组中单击【设置幻灯片放映】按钮，打开【设置放映方式】对话框。在【放映类型】选项区域中选择幻灯片放映类型，如选中【演讲者放映(全屏幕)】单选按钮。

02 在【放映幻灯片】选项区域中选择放映的幻灯片，如选中【从 到】单选按钮，并设置放映第1张到第6张幻灯片。

03 选中【放映选项】选项区域中的【循环放映，按ESC键终止】复选框，选中【换片方式】选项区域中的【手动】单选按钮，然后单击【确定】按钮。

2 观众自行浏览

当需要将演示文稿作为一个可以让观众自行浏览的文档时，可以参考下面介绍的方法设置幻灯片的放映方式。

01 打开【设置放映方式】对话框，在【放映类型】选项区域中选中【观众自行浏览(窗口)】选项，然后单击【确定】按钮。

02 单击状态栏右侧的【幻灯片放映】按钮，观众自行浏览的效果如下图所示。

幻灯片放映

3 在展台浏览

如果演示文稿需要被放置在展台上浏览，可以参考下面介绍的方法设置幻灯片的放映方式。

01 打开【设置放映方式】对话框，在【放映类型】选项区域中选中【在展台浏览(全屏幕)】选项，然后单击【确定】按钮。

02 单击状态栏右侧的【幻灯片放映】按钮，观众自行浏览的效果如下图所示。

11.5.2 自定义幻灯片放映

针对不同的场合与观众，用户可以对演示文稿进行自定义放映设置，设置放映幻灯片内容或调整幻灯片放映的顺序，方法如下。

01 选择【幻灯片放映】选项卡，在【开始放映幻灯片】命令组中单击【自定义幻灯片放映】下拉按钮，在弹出的列表中选择【自定义放映】选项。

02 在打开的【定义自定义放映】对话框

中，单击【新建】按钮。

03 打开【定义自定义放映】对话框，选中需要优先播放的幻灯片(如"幻灯片7")，然后单击【添加】按钮，将该幻灯片添加至【在自定义放映中的幻灯片】列表框中。

04 重复以上操作，在【在自定义放映中的幻灯片】列表框中依次添加需要播放的幻灯片，并在【幻灯片放映名称】文本框中输入幻灯片的放映名称。

05 单击【确定】按钮，返回【自定义放映】对话框，单击【关闭】按钮。此时，单击【开始放映幻灯片】命令组中的【自定义幻灯片放映】下拉按钮，在弹出的菜单中将显示自定义的幻灯片放映选项。

06 选择自定义放映的名称，即可以自定义方式放映演示文稿。

11.5.3 放映幻灯片

放映幻灯片的方式有很多，除了本章11.5.2节介绍的自定义放映以外，还包括从头开始放映、从当前幻灯片开始放映、广播幻灯片等。本节将介绍幻灯片的放映方式。当用户需要退出幻灯片放映时，按下Esc键即可。

1 观众自行浏览

如果用户希望从演示文稿的第1张幻灯片开始放映，可以按下列步骤操作。

01 选择【幻灯片放映】选项卡，在【开始放映幻灯片】命令组中单击【从头开始】按钮。

02 此时，PowerPoint将立刻进入幻灯片放映视图，从第1张幻灯片开始对幻灯片进行放映。

2 从当前幻灯片开始放映

如果用户希望从当前选择的幻灯片开始放映，可以按下列步骤操作。

01 选择需要播放的幻灯片后，选择【幻灯片放映】选项卡，在【开始放映幻灯片】命令组中单击【从当前幻灯片开始】按钮。

02 此时将进入幻灯片放映视图，幻灯片以全屏方式从当前幻灯片开始放映。

3 联机播放演示文稿

联机演示幻灯片可以允许用户远程演示制作的幻灯片效果。在PowerPoint 2013

中，用户可以参考下列步骤实现联机演示幻灯片。

01 选择【幻灯片放映】选项卡，在【开始放映幻灯片】组中单击【联机演示】按钮，在打开的对话框中单击【连接】按钮。

02 稍等片刻后，PowerPoint在打开的对话框中将显示【联机演示】对话框，并在对话框中显示联机演示链接。

03 单击对话框中的【复制链接】选项，复制对话框中生成的联机演示链接，然后通过微信、QQ或电子邮件等工具，将链接发送给网络中的其他用户，其他用户在浏览器中访问收到的链接，即可显示如下图所示的界面等待演示文稿播放。

04 此时，在【联机演示】对话框中单击【启动演示文稿】按钮，所有用户都可以在浏览器中观看演示文稿的播放。

11.5.4 控制幻灯片放映过程

在放映幻灯片时，用户可以从当前幻灯片切换至上一张或下一张幻灯片，也可以直接从当前幻灯片跳转到另一张幻灯片。方法如下。

01 在幻灯片页面中右击，在弹出的菜单中选择【下一张】命令，可以切换至下一张幻灯片。

02 在幻灯片页面中右击，在弹出的菜单中选择【定位至幻灯片】命令，在显示的子菜单中可以定位到指定幻灯片(如"幻灯片3")，并播放该幻灯片。

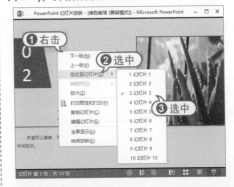

03 要结束幻灯片的放映，可以右击，在弹出的菜单中选择【结束放映】命令即可。

11.5.5 发布演示文稿

发布演示文稿是指将PowerPoint 2013制作的幻灯片存储到幻灯片库中，以达到共享和调用各个幻灯片的目的。

【例11-12】设置发布PPT演示文稿。
📀视频+素材 (光盘素材\第11章\例11-12)

01 单击【文件】按钮，在弹出的菜单中选择【共享】命令，在中间窗格的【共享】选项区域中选择【发布幻灯片】选项，并在右侧的【发布幻灯片】窗格中单击【发布幻灯片】按钮。

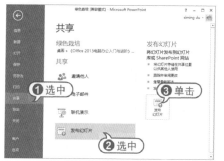

02 打开【发布幻灯片】对话框，在中间的列表框中选中需要发布到幻灯片库中的幻灯片缩略图前的复选框，然后单击【浏览】按钮。

03 在打开的【选择幻灯片库】对话框中指定一个文件夹位置后，单击【选择】按钮，返回【发布幻灯片】对话框，并单击【发布】按钮。

04 此时，即可在发布到的幻灯片库位置处查看发布后的幻灯片。

11.6 进阶实战

本章的进阶实战部分将练习设置演示文稿动画效果，帮助用户更好地掌握设计幻灯片切换动画、添加对象的动画效果和设置对象动画效果等基本操作方法。

【例11-13】为"医院季度工作总结报告"演示文稿设置动画效果。
📀视频+素材 (光盘素材\第11章\例11-13)

01 打开演示文稿，选择【切换】选项卡，在【切换到此幻灯片】组中单击【其他】按钮，从弹出的【华丽型】列表中选择【百叶窗】选项。

02 此时，即可将【百叶窗】型切换动画应用到第1张幻灯片，并自动放映该切换动画效果。

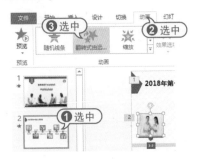

03 在【计时】组中单击【声音】下拉按钮，从弹出的下拉列表中选择【风声】选项。选中【换片方式】下的所有复选框，并设置时间为01:00.00。

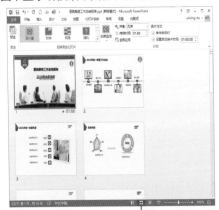

04 单击【全部应用】按钮，将设置好的效果和计时选项应用到所有幻灯片中。

05 单击状态栏中的【幻灯片浏览】按钮 田，切换至幻灯片浏览视图，在幻灯片缩略图下显示切换效果图标和自动切片时间。

幻灯片浏览

06 切换至普通视图，选择第2张幻灯片。选中其中最左侧的图片，打开【动画】选项卡。在【动画】组中单击【其他】按钮，在弹出的【进入】效果列表中选择【翻转式由远及近】选项，为图片应用该进入动画。

07 使用同样的方法，为第2张幻灯片中的其他图片应用进入动画效果。

08 选中标题占位符，在【高级动画】组中单击【添加动画】按钮，在弹出的【强调】列表中选择【波浪形】选项，为副标题占位符应用该强调动画。

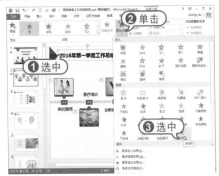

09 在【高级动画】组中单击【动画窗格】按钮，然后在打开的【动画窗格】窗格中调整第2张幻灯片中的动画放映顺序。

10 选中第3张幻灯片中的标题占位符，在【动画】组中单击【其他】按钮，在弹

出的菜单中选择【更多进入效果】命令，打开【更改进入效果】对话框。选择【展开】选项，单击【确定】按钮。

11 选中幻灯片中最右侧的图片，在【高级动画】组中单击【添加动画】下拉列表按钮，在弹出的下拉列表中选中【其他强调效果】选项，打开【添加强调效果】对话框。

12 在【添加强调效果】对话框中选中【加深】选项后，单击【确定】按钮，为图片设置【加深】动画效果。

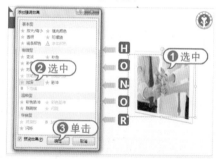

13 保持图片的选中状态，在【动画】选项卡的【计时】组中单击【开始】下拉列表按钮，在弹出的下拉列表中选中【与上一动画同时】选项，在【持续时间】文本框中输入01.50。

14 选中第4张幻灯片，然后选中幻灯片中的标题占位符，在【高级动画】选项组中单击【其他动作路径】选项。

15 打开【添加动作路径】对话框，选中

【向右】选项。然后单击【确定】按钮，添加【向右】路径动画效果。

16 在幻灯片中调整动画的路径，使其效果如下图所示。

17 选中幻灯片最左侧的图片，在【动画】选项卡的【动画】组中单击【其他】按钮，在弹出的下拉列表中选中【飞入】选项。

18 在【动画】组中单击【效果选项】下拉列表按钮，在弹出的下拉列表中选中【自左侧】选项。

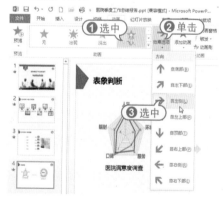

19 选中幻灯片最右侧的图片，在【动画】选项卡的【动画】组中单击【其他】按钮，在弹出的下拉列表中选中【轮子】选项。

20 在【动画】组中单击【效果选项】下

拉列表按钮，在弹出的下拉列表中选中【8轮辐图案】选项。

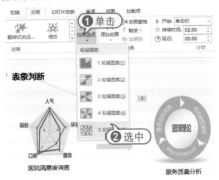

21 使用同样的方法，设置其他幻灯片中的动画效果。

22 选中最后一张幻灯片中的标题占位

符，在【高级动画】选项组中单击【添加动画】按钮，在弹出的下拉列表中选中【更多退出效果】选项。

23 在打开的【添加退出效果】对话框中选中【棋盘】选项，然后单击【确定】按钮，为占位符添加【棋盘】退出动画效果。

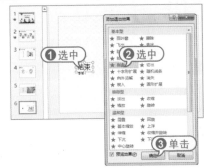

11.7 疑点解答

问：如何将PPT演示文稿发布为PDF文档？

答：在PowerPoint 2013中，用户可以参考以下方法将制作好的演示文稿转换为PDF/XPS文档。

01 单击【文件】按钮，在弹出的菜单中选择【导出】命令，在中间窗格的【导出】选项区域中选择【创建PDF/XPS文档】选项，并在右侧的【创建PDF/XPS文档】窗格中单击【创建PDF/XPS】按钮。

02 打开【发布为PDF或XPS】对话框，设置保存文档的路径，单击【选项】按钮。

03 打开【选项】对话框。选中【幻灯片加框】复选框，单击【确定】按钮。返回至【发布为PDF或XPS】对话框，在【保存类型】下拉列表框中选择PDF选项，单击【发布】按钮。

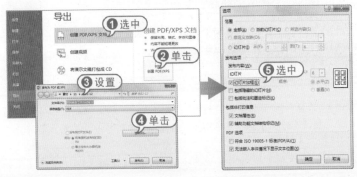

第12章

Office各组件协作办公

在日常工作中，将Word、Excel和PowerPoint等Office组件相互协同使用，可以有效地提高办公效率，并实现许多单个软件无法完成的操作。本章将通过实例，详细介绍Office各组件之间相互调用操作的方法与技巧。

对应光盘视频

例12-1 在Word文档中创建Excel工作表
例12-2 在Word文档中添加PPT演示文稿
例12-3 在PowerPoint中插入制作好的Excel工作表
例12-4 在PowerPoint中插入Excel图表
例12-5 在Word中录入文档，插入Excel表格
例12-6 将Excel数据复制到Word文档中的表格内

12.1 Word与Excel相互协作

在Word中创建Excel工作表，不仅可以使文档内容更加清晰、表达更加完整，还可以提高文档的应用创建速度。下面将通过实例详细介绍。

12.1.1 在Word中创建Excel表格

Word 2013中提供创建Excel工作表的功能，利用该功能用户可以直接在文档中创建Excel工作表，而不必在Word和Excel两个软件之间来回切换。

【例12-1】在Word文档文档中创建一个Excel工作表。 视频

01 打开Word文档后，选择【插入】选项卡，在【文本】组中单击【对象】按钮，在弹出的列表中选择【对象】选项。

02 打开【对象】对话框，在【对象类型】列表中选择【Microsoft Excel工作表】选项，然后单击【确定】按钮。

03 此时，Word文档中将出现Excel工作表输入状态，同时当前窗口最上方的功能区将显示Excel软件的功能区域。用户可以在Word中使用这些区域中提供的按钮，创建Excel表格。

Excel 功能区

输入表格内容

在Word中完成Excel工作表的创建后，在文档表格外的空白处单击，即可关闭Excel功能区域返回Word文档编辑界面。

12.1.2 在Word中调用Excel表格

除了在Word文档创建Excel工作表以外，用户还可以在文档中直接调用已经创建好的Excel工作簿。具体方法如下。

01 在Word中选择【插入】选项卡，在【文本】组中单击【对象】按钮，在弹出的列表中选择【对象】选项。

02 打开【对象】对话框，选择【由文件创建】选项卡，单击【浏览】按钮。

03 打开【浏览】对话框，选择一个制作好的Excel工作簿后，单击【插入】按钮。

04 返回【对象】对话框，单击【确定】按钮，即可在Word文档中调用Excel工作簿文件。效果如下图所示。

格后，如果需要对表格内容进行进一步编辑，只需要双击表格，即可启动Excel编辑模式，显示相应的Excel功能区域，执行对表格的各种编辑操作。

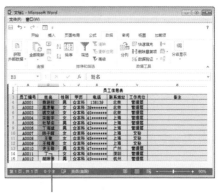

在 Word 中选中并编辑 Excel 表格数据

12.1.3 在 Word中编辑Excel表格

在Word文档中创建或调用Excel表

12.2 Word与PowerPoint相互协作

将PPT演示文稿制作成Word文档的方法有两种，一种是在Word文档中导入PPT演示文稿；另一种是将PPT演示文稿发送到Word文档中。

12.2.1 在Word中创建PPT文稿

在Word文档中创建PPT演示文档的方法与创建Excel工作表的方法类似。具体如下。

01 打开Word文档后选择【插入】选项卡，在【文本】组中单击【对象】按钮，打开【对象】对话框后选中【Microsoft PowerPoint幻灯片】选项。

中创建一个幻灯片，并显示PowerPoint功能区域。

03 此时，用户可以使用PowerPoint软件中的功能，在Word中创建PPT演示文稿。

12.2.2 在Word中添加PPT文稿

使用PowerPoint创建演示文稿后，用

02 单击【确定】按钮，即可在Word文档

户还可以将其添加至Word文档中进行编辑、设置或放映。

【例12-2】在Word文档中添加一个创建好的PPT演示文稿。

视频+素材 (光盘素材\第12章\例12-2)

01 创建一个新的Word文档，选择【插入】选项卡。在【文本】组中单击【对象】按钮，打开【对象】对话框。然后选择【由文件创建】选项卡。

02 单击【浏览】按钮，打开【浏览】对话框。选择一个创建好的PPT演示文稿文件，然后单击【插入】按钮。

03 返回【对象】对话框，单击【确定】按钮即可将PPT演示文稿插入Word文档。

04 双击文档中插入的PPT演示文稿，即可进入演示文稿放映状态。

05 选中文档中添加的演示文稿，通过拖动其四周的控制点可以调整演示文稿的位置和大小。

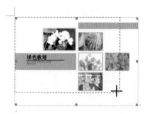

12.2.3 在Word中编辑PPT文稿

在Word文档中将插入的PowerPoint幻灯片作为一个对象，也可以像其他对象一样进行调整大小或者移动位置等操作。具体方法如下。

01 右击文档中插入的PPT演示文稿，在弹出的菜单中选择【演示文稿对象】|【打开】命令。

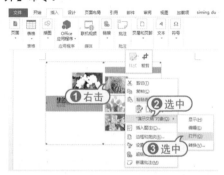

02 此时，将打开PowerPoint，进入演示文稿的编辑界面。

03 右击Word文档中添加的PPT演示文稿，在弹出的菜单中选择【演示文稿对象】|【编辑】命令。

04 此时，Word中将显示PowerPoint的功能区域，利用该区域中的各种按钮，可以在Word窗口中对幻灯片进行编辑。

05 右击文档中的PPT演示文稿，在弹出的菜单中选择【边框和底纹】命令。在打开的【边框和底纹】对话框中，选择【边框】选项卡，用户可以为文档中的PPT演示文稿设置边框。

06 右击文档中的PPT演示文稿，在弹出的菜单中选择【设置对象格式】命令。在打开的对话框中选择【版式】选项卡，在【环绕方式】选项区域中可以设置对象的文字环绕方式，选择【紧密型】选项。

07 单击【确定】按钮，Word文档中的PPT演示文稿效果将如下图所示。

12.3　Excel与PowerPoint相互协作

Excel和PowerPoint经常在办公中同时被使用。在演示文稿的制作过程中，适当地调用Excel表格，用户可以制作出更加专业、明晰的文件。

12.3.1　在PPT中插入Excel表格

在使用PowerPoint进行放映讲解的过程中，用户可以直接将制作好的Excel工作表插入到幻灯片中。

【例12-3】在PowerPoint中插入制作好的Excel工作表。
● 视频+素材 (光盘素材\第12章\例12-3)

01 启动PowerPoint 2013后，打开一个演示文稿。

02 启动Excel 2013，打开一个工作表，选中需要在演示文稿中使用的单元格区域，按下Ctrl+C组合键。

03 切换到PowerPoint，选择【开始】选项卡，在【剪贴板】组中单击【粘贴】按钮。

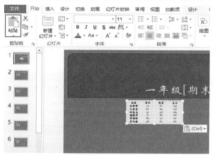

04 使用表格四周的控制点，可以调整其在幻灯片中的位置和大小。

12.3.2 在PPT中导入Excel图表

用户除了使用上面介绍的方法可以在幻灯片中插入Excel图表以外，还可以在PowerPoint中插入Excel图表。

【例12-4】在PowerPoint中插入Excel图表。
🎬视频+素材 (光盘素材\第12章\例12-4)

01 使用Excel中的数据创建一个图表后，右击图表，在弹出的菜单中选择【移动图表】命令。

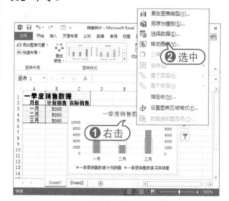

02 打开【移动图表】对话框，选中【新工作表】单选按钮单击【确定】按钮，将图表移动至一个新工作表中。

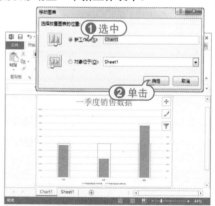

03 将保存创建的Excel文件切换至PowerPoint，选择【插入】选项卡，在【文本】组中单击【对象】按钮。

04 打开【插入对象】对话框，选择【由文件创建】单选按钮。然后单击【浏览】按钮，打开【浏览】对话框。选择步骤2创建的Excel文件，单击【确定】按钮。

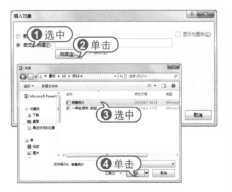

定】按钮即可在PowerPoint中插入如下图
所示的图表。

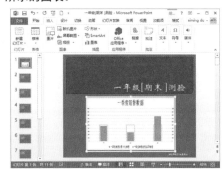

05 返回【插入对象】对话框，单击【确

12.4 Outlook与其他组件相互协作

Outlook也可以和其他Office组件之间进行协作。在使用Outlook编写邮件的过程
中，用户可以调用Word、Excel或PowerPoint等文件。具体方法如下。

01 启动Outlook 2013后，在打开的对话
框中单击【下一步】按钮。

02 打开【添加电子邮件账户】对话框中
选中【是】单选按钮。

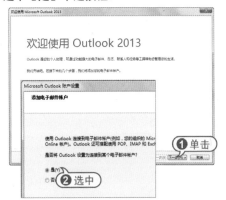

03 打开【添加账户】对话框，在【您的
姓名】文本框中输入邮件账户的姓名，在
【电子邮件地址】文本框中输入电子邮件
的地址，在【密码】和【重新键入密码】
文本框中输入电子邮件密码，然后单击
【下一步】按钮。

04 此时，Outlook软件将搜索邮件服务器
并设置参数，完成后单击【完成】按钮。

05 在打开的Outlook界面中单击【新建电

子邮件】按钮，创建一个新电子邮件。

06 在【收件人】文本框中输入邮件收件人的电子邮件地址，在【主题】文本框中输入邮件主题，在邮件内容文本框中输入邮件内容。

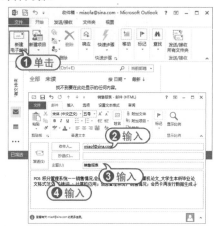

07 选择【插入】选项卡，在【文本】组中单击【对象】按钮，打开【对象】对话框。选择【由文件创建】选项卡，单击【浏览】按钮。

08 打开【浏览】对话框，选中一个Excel文件后，单击【插入】按钮。

09 返回【对象】对话框，单击【确定】按钮，即可在邮件编写界面中插入如下图所示的Excel文件。

10 如果在步骤8打开的【浏览】对话框中选中一个PPT演示文稿文件，单击【插入】按钮后，将在邮件编写界面中插入如下图所示的演示文稿。

11 如果在步骤8打开的【浏览】对话框中选中一个Word文档文件，单击【插入】按钮后，将在邮件编写界面中插入如下图所示的Word文档。

12.5 进阶实战

本章的进阶实战部分将通过实例介绍Office各组件之协作办公的技巧，帮助用户进一步掌握Office软件的使用方法。

12.5.1 Word+Excel数据同步

【例12-5】在Word中录入文档，然后把Excel中的表格插入到Word文档中，并且保持实时更新。 ▶视频

01 启动Word 2013并在其中输入文本。启动Excel 2013并在其中输入数据。

02 在Excel中选中A1：C4单元格区域，然后按下Ctrl+C组合键复制数据。

03 切换至Word，选中文档底部的行，在【剪贴板】组中单击【粘贴】按钮，在弹出的列表中选择【链接与保留源格式】选项。

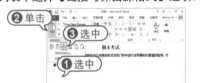

04 此时，Excel中的表格将被复制到Word文档中。

05 当Excel工作表数据变动时，Word文档数据会实时更新。例如，在Excel工作表C2单元格中将"张老师"修改为改为"徐老师"。

06 此时，Word中表格数据将自动同步发生变化。

同步数据

12.5.2 将Excel数据复制到Word

【例12-6】将Excel数据复制到Word文档中的表格内。 ▶视频

01 启动Excel后，选中其中的数据。按下Ctrl+C组合键执行复制操作。

02 启动Word，将鼠标指针插入至文档中，在【插入】选项卡的【表格】组中单击【表格】按钮，在弹出的列表中选择【插入表格】选项。

03 打开【插入表格】对话框，在其中设置合适的行、列参数后，单击【确定】按钮，在Word中插入一个表格。

04 单击Word表格左上角的十字按钮，选中整个表格，在【开始】选项卡的【剪贴板】组中单击【粘贴】按钮，在弹出的列表中选择【选择性粘贴】选项。

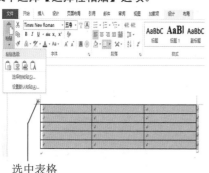

选中表格

05 打开【选择性粘贴】对话框，在【形式】列表框中选中【无格式文本】选项，然后单击【确定】按钮。

06 此时，即可将Excel中的数据复制到Word文档的表格中选中表格的第1行，右击，在弹出的菜单中选择【合并单元格】命令。

07 在【开始】选项卡的【字体】组中，设置表格中文本的格式。然后选中并右击表格，在弹出的菜单中选择【自动调整】|【根据内容调整表格】命令。调整表格的最终效果如下图所示。

一季度销售数据		
月份	计划销售	实际销售
一月	5000	4728
二月	5000	2790
三月	5000	7682

12.6 疑点解答

● 问：如何将Excel中的内容转换为表格并放入Word文档中？

答：如果要将Excel文件转换成表格并放入Word中，用户可以在Excel中单击Excel按钮。在弹出的菜单中选择【导出】命令，在显示的选项区域中选中【更改文件类型】选项，并在打开的列表中双击【另存为其他文件类型】选项，在打开的对话框中将Excel文件类型保存为【单个文件网页】。最后，使用Word将导出的Excel文件打开即可。